あなたの猫と
最高のコミュニケーションを
とる方法

ネコ学

クレア・ベサント 著
三木直子 訳

How to Talk to Your Cat
Get Inside the Mind of Your Pet

築地書館

レオ、ルーシー、マイク、シニード、ソーチャ、そして
歴代の飼い猫たちと彼らの素敵な交流に。
そしてもちろん、
「猫みたいに考える」方法を教えてくれる
チリ、ミスター・ホワイト、そしてメロに、
この本を捧げる。

HOW TO TALK TO YOUR CAT : GET INSIDE THE MIND OF YOUR PET
by Claire Bessant

First published in paperback in 2004
This edition published in 2023
This edition has been substantially updated for publication in 2023.
Originally published in the English language in the UK by John Blake Publishing,
an imprint of Bonnier Books UK Limited.

Japanese translation by Naoko Miki
Published in Japan by Tsukiji Shokan Publishing Co., Ltd., Tokyo

はじめに

拙書『How to Talk to Your Cat』の改訂版を出さないか、と最初に訊かれたとき、まさに完璧なタイミングだ、と思った。初版が出版されたのは一九八八年、私にはまだ子どもがおらず、慈善団体であるインターナショナル・キャットケアの最高責任者になる前のことだった。猫の習性についての関心はまだまだ黎明期であり、家で飼われる猫の「問題行動」(猫にとっては自然だけれど飼い主にとっては迷惑な、通常は家の中では起こらない行動。たとえば排泄物で家を汚すなど)について考えたり、その原因や解決方法について議論したり、ということが始まったばかりで、それとともに、猫はなぜあのような行動をとるのか、という一般的な関心が高まり始めたところだった。猫に関する知識は犬に関してのそれに後れをとっていたが、猫の行動を理解する先駆者は何人かおり、概して関心は高まりつつあった。

この三〇年ほどの間に、猫の行動に関する私たちの知識はかなり深まったし、さらに多くの研究が行われつつあって、私たちの理解は絶えず進歩している。幸運なことに、私が働いていた慈善団体は、人間と猫が関わり合うさまざまなシチュエーションにおける猫の生態について幅広い知識を持っており、獣医学部門を通して猫の健康促進にも大いに注力している。猫の肉体的な健康と精神面での健康は非常に深く関わり合っており、両方を理解することが非常に重要である。インターナショナル・キャットケアはまた、猫にどう接するのが一番良いのかを理解するために科学的なアプローチをとり、猫の気持ちには寄り添いつつも過度に感情的にならないよう努め、同時に私たち自身とそのニーズについても、謙虚に、かつ柔軟に理解しようとしている。実利的な考え方をすることも必要だ——完璧であることなどできないが、猫と、人間がすることが彼らにどんな影響を与えるか、また猫とコミュニケーションをとる最良の方法について、バランスのとれた考え方をすれば、私たちはともに調和して暮らすことができるのだ。

猫という種を尊重し、個々の猫を理解するために

猫好きの人は必ず、自分の猫にはそれぞれに個性があって、一匹一匹が非常に異なっている、と言う。私が勤めていた間、インターナショナル・キャットケアは、猫の行動について理解し、その知識を、猫の世話の仕方——個体数の管理、ペットとしてともに暮らす方法、育種、治療、その他、私たちと猫のあらゆる接し方——を改善するのに役立てる努力の先頭に立ってきた。

ありがたいことに私はこれまで、ヴィッキー・ホールズ（『Cat Detective』『Cat Confidential』の著者）やサラ・エリス（『The Trainable Cat』の著者）をはじめとする、猫の行動に関する優秀かつ著名

な専門家たち、また猫科の動物の健康に関する世界的に有名な専門家たちと仕事をしたことがある。私たちは、猫と人の関係性について研究し、新たな知見は漏らさず把握し、猫を飼っている人や猫を相手に仕事をする人たちに、新しい発見についての実用的な解釈を提供しようとしてきた。ヴィッキーは、インターナショナル・キャットケアが定める「猫に優しい行動原理」のひとつである「猫という種を尊重し、個々の猫を理解しよう」というフレーズを考案した。猫というのがどういう動物か、という私たちの広範な理解と、一匹一匹の猫をその行動に駆り立てるのが何なのか——その子はどういう性格で、何が好きで何が嫌いか、その子に特有のニーズは何か、そして、飼い猫にとって最善のやり方で世話をし、猫との関係をより良いものにするために、私たちは猫との関わり方をどんなふうに変化させればいいのか——を融合させるフレーズだ。本書は、インターナショナル・キャットケアと、猫とその幸福についての私たちの理解に多大な貢献をした人びとのしてきた仕事について随所で言及する。インターナショナル・キャットケアは素晴らしい慈善団体であり、長年にわたって、猫に対する私たちの考え方を導き、現在もそれは続いている。彼らのウェブサイト、www.icatcare.orgは、猫について学びたい人にとっての宝の山である。

本書のタイトルが猫との「会話」である理由は［訳注／原書のタイトルは『How to Talk to Your Cat（あなたの猫との会話の仕方）』］、私たち人間が、豊かな言語的能力と語彙を持つがゆえに、声によるコミュニケーションに頼っているからだ。私たちは、人と話すとき、相手の言うことを理解するためには単にその言葉に耳を傾けるだけではいけないということを忘れがちだが、実は私たちは同時に、相手のボディランゲージや顔の表情、声の調子に注意を払っている。私たちは、人間という生き物についての知識を使って、そこで何が起きているのかを解釈する——相手の感情を理解する力と、相手にとって何が重要で、どんな行動をとる可能性が高いかについての知識を使うのだ。そうした理解がなければコミュニケーションは成功しない。だから、猫と「会話」しようと考えるなら、猫と私たちのコミュニケーションの解釈に役立つ理解と知識をできる限り豊富に身につけておくことが不可欠である。その「会話」には、単に言葉にとどまらず、行動や、猫のすることに対する最適な反応の仕方も含まれる。また彼らの置かれた環境が彼らにどんな影響を与えるかも考慮しなければならない。人間以外の動物とのコミュニケーションは少々複雑である——私たちはいわば探偵のように、猫という動物種全般についての知識だけでなく、自分の猫がどのように行動するのか、その実態を摑まなければならない。自分の猫が普段どのように行動し、反応するかを知ることは、その猫を理解するためだけでなく、もしかすると病気や、あるいは猫が動揺したりストレスを感じたりする何かによる行動の変化に気づくためにも非常に役に立つ。

すべての動物のなかで最も個体差が大きい

私は先ごろ、二八年にわたって私の生活の一部だったインターナショナル・キャットケアの仕事を引退した。たまたまだが、引退直前にインターナショナル・キャットケアが開催した獣医の会議での登壇者の一人がデニス・ターナー博士だった。博士は猫と猫の行動を研究して本にした先駆者の一人であり、パトリック・ベイトソンとの共著『The Domestic Cat: The Biology of its Behaviour（イエネコ――その行動の生物学）』は、猫の行動に興味のある人なら誰もが持っている。私の書棚にも三〇年以上前からある。だから博士にお会いできたのは光栄だった。講演のなかで博士はちらりと、「猫はすべての動物のなかで最も個体差が大きい動物」であると述べ、私はそのことに非常に興味を持った。私は博士に、その点についてもっと詳しく聞かせてくれと頼んだ――それは、猫が他の動物よりも個性的な行動をとる、という意味なのか？　それまで私は猫についてそのように考えたことがなかったのだ。博士はいかにも科学者らしくこう答えた。

我々の研究においては、猫に関するデータの多変量解析はいずれも、「個体差」（個性）が最も大きく結果に影響することを示しており、それ以外の変数の影響を特定するために、個体差という変数を「分離」させなければなりませんでした。犬（やその他の生物種）の行動における研究で論文として発表されたもの（私が知っている範囲で）には、そのような結果は指摘も言及もされていません。

これは非常に科学的かつ統計学的な言い方だ（研究にはそうであることが必要である）が、要は、猫は強い個性の持ち主でそれが行動に影響するという意味である。人間の行動について研究するのは容易なことではないが、猫の行動の研究はさらに難しいようだ。だが、猫は個性が強いというのは私にとって大いに納得できることだったし、インターナショナル・キャットケアの「猫という種を尊重し、個々の猫を理解しよう」という指針を考えればいっそう、まさしくそのとおりだと思われた——すべてが腑に落ちたのだ。また、それが猫を飼っている私たちにとって何を意味し、猫の健康や行動の仕方について現在明らかになっている情報を、どのように自分の飼い猫に当てはめればいいのかを考えるきっかけともなった。

本書の初版には、猫が耳を動かすのに必要な筋肉の数だとか猫の耳に聞こえる音の周波数といった、数々の事実や数字が含まれていたが、この改訂版ではそのほとんどを割愛し、より心理学的な方向で猫を理解することにフォーカスを当てた。私が目指しているのは、誰もが猫について考え、彼らの個性や、私たちが（言葉だけでなく、ボディランゲージや私たちの行動を通じて）猫に伝えていることを彼らがどのように「感じ取り」、どう反応するかをよく観察して、彼らが私たちに送ってくるサインにどう反応するかを考えてもらう、ということだ。人びとに、自分の感覚を使えるようになり、猫についてもっと知りたがってほしいのだ。本書で紹介する研究のなかには、その性格のタイプ別に猫を分類しようとしたものがある。これは、猫のあらゆる行動と向き合い、なぜそれをするのか、何が彼らの行動に影響を与えるのかを理解しようとする際には必要なことだ。ただし、私たちは人間やペットにレッテルを貼って分類するのが大好きだが、それはときに彼らの行動の解釈を狭め、周囲の状況や健康状態による行動の違いを見えにくくする。

人間とは違う生き物の世界を理解する楽しみ

猫は複雑な動物で、なかなか本性を見せてくれないことが多いが、私たちが耳を傾け、注意を払いさえすれば、多くのことを教えてくれる。私は研究を専門とする者でもないし、動物の行動学について何の資格があるわけでもなく、長年にわたってそうした分野に長けている多くの人たちと仕事をするなかで、一見くだらない、「でもなぜ?」という質問をするのが私であることが多かった。またその間、たくさんの猫と暮らしながら、時とともに彼らの行動がどのように変化し、また周囲の出来事に対して彼らがどのように反応するかを観察してきた。もちろん、じっと観察されたり見つめられたりするのを嫌う猫もいるので、彼らの行動に影響を与えないようにそっと見守ろうと努めてきた。

猫たちの鳴き声や些細な耳の動きの一つひとつを巧みに分析しようと試みることも可能だが、重要なのは全体像を捉えることだ。そうすることで、ゆったりした気分で飼い猫との暮らしを楽しめるようになり、理解したことの一つひとつが、自分とは違う生き物の世界を理解するというご褒美になる——それは人間の世界とはとても違ってはいるが、環境さえ整えば私たちと共有が可能な世界である。本書が目指すのは、あなたがあなたの飼い猫を理解し、その猫との交流を満喫できるようにすることだ——それがどれほど親密な、あるいはよそよそしいものであったとしても。本書を改訂し、願わくばわかりやすい形でこうした考え方のすべてをひとつにまとめる、という作業を通じて私は、私の猫たちをあらためて観察し、「でもどうして?」と私自身に問いかけることになった。

本書がとるアプローチは、猫がどうやって世界を感知するかを感覚的に感じ取り、基本的な行動やボディランゲージの一部を認識し、何がそうした行動に影響を与え、猫の性格がどのようにつくられるのかを理解する、ということだ。まず初めは人間の存在を考慮せずにそれを行い、猫の「本質」の基本を理解してその感覚を摑む。その次に、猫と飼い主、つまり私たちとの関係という複雑な要素を取り入れる。人間が猫の生活にどのように影響し、人間と猫という非常に異なった二つの生物種の間に起こるコミュニケーションをどのように(できるだけ正確に)解釈すればいいのか、そして、どうすれば自分の猫に対する見方をこれまでとはまったく違うものにできるのか——先入観を持たず、私たちと猫がマインドと肉体を通じて交わす会話のほんの一部が、実際には何を相手に伝えているのかを理解できることの喜びとともに。これはすぐにできることではないし、猫と暮らす時間が長ければ長いほど理解は深まる。そしてもちろん、新たに迎え入れる猫はとても違う性格をしていて、情報と理解を構築し直す必要があるかもしれない。それでも、私たちがきちんと耳を傾け、適切な方法で猫に語りかけるならば、そのプロセスはずっと迅速なものになるはずだ。

本書はまた、猫が必要とするもの、猫が欲することを精査し、猫が人間についてどう考えているかについても考察し、人間の猫に対する接し方の欠点や、育種、あるいは猫を擬人化することの影響(いずれもあまり猫のためにならない場合がある)を詳らかにすることを試みる。本書を読み終える頃には、自分の猫が見せるちょっとした合図を読み取る自信がつき、猫との関係がより深まり、楽しいものになるような形でそれに反応できるようになっていることを願う。

本書の執筆にあたっては、以前よりも私自身の意見を多く盛り込んだが、それはおそらく、初版以来、日々猫のことを考えながら長い年月を過ごし、一部の分野については特に強い思いを持つようになったからだ。正直に言えばそうした意見のなかにはおそらく、ときとして猫に対する考慮が足りない人間の振る舞いへの苛立ちが原因となっているものがある。本書ではそうした振る舞いの一部を取り上げ、最終章では、私自身の猫たちを観察した結果を例として挙げた――これらは三匹の猫の事例である。今飼っている猫の行動を分析しても、それはきちんとした研究でもなければ科学でもないが、私はそれを、ある行動の例として示し、またそれが何を意味しているのか考えるために使っている。たしかに三匹はそれぞれ生き方のアプローチが異なっているし、そうした違いは、私たちがすべての猫について学ぶのを助けてくれる。研究には、個々の行動に着目し、彼らの行動に影響を与えているものを特定することが必要だが、そうは言っても、飼い猫と暮らす私たちの日常生活においては物事はもっと複雑で、猫の行動は実用的かつ思いやりのある方法で解釈しなければならない。

何かが生活のなかでごく一般的なものになると、私たちはそれを当たり前のことと考えるようになる。そして今や猫は世界中でペットとして飼われている。ある生物が、それとは似ても似つかない別の生物とこれほど近いところで暮らしているのを見たら、異星人はどう思うだろう？　何が理にかなっていて、何が奇妙、不公平、あるいはまったく理解不能か、そのことに気づくためには、私たちは一歩下がって、そういう視点でものを見る必要があるのかもしれない。世界中のソーシャルメディアで猫は人気者で、そこでは、怖がりの猫や愛情いっぱいの猫など、極端な猫の行動を目にするかもしれない。その結果私たちは、猫とは本当はどういうものかを考慮することなく、猫はみんなこうだ、と考えてしまいはしないだろうか？　猫に対する私たちの考え方は変化しただろうか、そしてそういう考え方は、猫や、私たちの猫との接し方にどんな影響を与えているだろうか？

この一〇〇年ほどの間に、猫は、人間の近くに暮らして害獣を駆除する生き物から、家族の一員へと変化した。人はこの、非常に適応力の高い、それでいて根本的には飼いならされていない動物が、自分たちとどのように暮らすべきか、ある種の期待を抱いている。本書は、私たち人間が最も重要だと考えるコミュニケーション、つまり言葉を通じて行われるコミュニケーションに焦点を当てている。だが、最高峰のコミュニケーションというのは、この魅力的な生き物に対する理解、共感、根気、受容性、そして敬意の上にこそ成り立つのである。

ネコ学　目次

2 人間と暮らす猫の行動に影響を与えるもの 51

3 あなたの猫の性格を知る 89

4 人は猫に何をしてほしいのか？ 109

5 猫のニーズと欲求は人が猫のために求めるものと違うのか？ 133

6

猫好きとはどういう人たちか？　猫は猫好きをどう思うのか？

9 我が家の猫の場合——私たちはどうやって会話するか

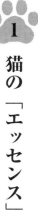

1 猫の「エッセンス」

自宅で、街角で、ソーシャルメディアで、私たちは毎日猫を目にしている。猫はあまりにも身近な存在なので、私たちは、こうしたフィルターを通して見ることで、猫とはどういう動物かわかっているつもりになっているかもしれない。これは猫を見くびっているということだろうか？　私たちは、猫とは単に家で飼っているペットで、餌をやったり撫でたりする、日常生活の当たり前の一部にすぎないと思っているかもしれない。猫は「ペット」であることがその役割で、そのために生まれてきたのだと私たちは考える。でも猫には、よく見れば見るほど驚くような特徴がある。猫とは複雑な生き物なのだ。猫が人間とこれほどうまく暮らせるというのは、人間よりも猫の手柄である。私たちは、猫を理解すればするほど、猫について知らないことがどれほど多いかに気づき、もっともっと知りたくなる。

まずは猫を、人間との関係性の一部としてではなく、猫という魅惑的な動物そのものとして見ていこう。つまり、猫が獲物を捕まえることや猫を甘やかすことについて私たちがどう思うかとか、猫との日常生活、そしてソーシャルメディアで見る猫たちのことをしばし忘れるということだ。頭の隅に「適応能力」という言葉を置いておいてほしい。なぜなら猫は、生まれ持った自然な行動（そのほとんどは、猫が人間と暮らすようになるはるか以前に発達したもの）へと駆り立てる本能と、それらの多くとは相容れない、人間の近くで暮らす能力、という二つの間を行ったり来たりしていることがこの後わかるからだ。

猫はどのようにして人間の生活の一部になったのか？

イエネコの祖先は、全体が砂色で縞模様のあるアフリカの野生の猫である。その原産地は、地中海東沿岸に沿った中近東地域の、トルコから北アフリカ、東は現在のイラクとイランに及ぶ「肥沃な三角地帯」と呼ばれる地域だ。彼らは基本的に、子どもを産んで育てるとき以外は、単独で獲物を狩って暮らしていた。人間の文明は、動物の群れを追って移動する狩猟生活から、穀物を栽培し家畜を飼う生活へと変化しつつあった。単独行動をとっていた猫たちは、獲物を狩ることもあれば獲物として狙われることもあり、大きな動物や人間を警戒し、危険な状況や、自分の身を脅かすと思われるもの（体重がほんの数キロの動物にとってはそういうものが多かったはずだ）からは素早く身を遠ざけただろう。

人間が居住区の周囲で食べ物を栽培し、穀物を貯蔵し、家畜を育てるようになると、齧歯動物がそうした食べ物を食べ、猫にとっては獲物の数が増えた。人間や、人間の居住区内あるいはその周囲で起こるさまざまな出来事を恐れない個体は、人間により近づくことでその恩恵に与った。食べ物とすみかが改善されたことで彼らの生存率は高まり、繁殖もしやすくなったため、人間を比較的怖がらない猫はその遺伝子を子孫に伝えることができた。このような猫の「家畜化」は、五〇〇〇年から八〇〇〇年前に起きたことである。だが、猫は現在も、犬や、ウシやヒツジなどの家畜と同じようには家畜化されていない、と反論する人も多い。私たちは、家畜を自分たちのために「利用」しているということを認めるが、猫との関係はそれに比べて支配的なところが少なく、より互恵的なものだと感じている――これについては第7章でより詳しく述べる。

もちろん、何千年も昔の当時、人びとは、穀物その他人間の食べ物を食べる齧歯動物を殺す猫が身近にいることの価値に気づいていた。あるいは猫の美しさに惚れ込み、子猫の愛らしさに夢中になったかもしれない（夢中にならない人などいるだろうか?）。近くに棲みついた猫とは付かず離れずの関係を築いたことだろうし、子猫に関心を持ち、まだ子猫がとても幼くて人を怖がらず、他の動物との関係が築かれやすい成長過程の初期を利用して、人間と猫のより近しい関係を発達させ始めたのかもしれない。古代エジプト人は、おそらくこうした理由から猫を崇め、その生殖能力に敬服していたことが知られている――実際、彼らにとって猫は非常に価値あるものであり、神として祀られるほどだった。

猫はおそらく、一万年前から人間の近くで暮らしており、犬ほどしっかりと、あるいは（人間の目から見れば）効果的に家畜化されているとは言えないとしても、従順性は数世代でその遺伝子に発現するものと考えられている。ただし、「飼いならす」ということと、ペットとして人間とともに暮らす、ということには違いがある。猫は、人間に支配されない部分を多分に保持しており、今日でさえほとんどの飼い猫が、必要ならば自足できるし、餌を与えられる猫であっても優れた狩りの能力は保ったままだ。

イエネコに残る野生の特徴

野生の猫の特徴で、今でも飼い猫に顕著に残るものを見てみよう。私たちは、猫の見た目や行動は、猫が、獲物を狩り、(猫の獲物となる小型動物にとっては)食物連鎖の最上位にいる捕食者であるという事実から来るものであることを理解しなければならない。母なる自然は、猫がその感覚器官や優れた身体能力や旺盛な好奇心を使って生き残れるように、猫の発達に磨きをかけた。猫は協力し合って狩りをする動物ではないので、単独で狩りができる必要があるし、(人間が食餌を手伝ってくれない野生の環境で)生き残るためには、一日に多数の小型動物を捕まえなければならない。私たちはまた、猫が驚異的な捕食動物として進化し、そのことが彼らの行動の多くを左右しているということを受け入れる必要がある。猫とは、単にソファに座って餌をねだるモフモフした生き物ではないのである。私たちは、猫が「完全肉食動物」であることを認識しなければならない。完全肉食動物とは、特定の栄養素を、肉を食べることでしか摂取できない動物のことだ。私たちは、自分が食べるものについては自分なりの信念を持っているかもしれないが、狩りが非常にうまいがためにあのような姿と行動をとる猫をベジタリアンやヴィーガンにしようとするのは、猫の本能を全面的に無視しているのみならず、その健康を損なう危険性がある。

人の助けを借りずに生きていかなければならない猫は、生存に必要なだけの獲物を捕るのに十分な広さのある縄張りをつくらなくてはならない。餌を奪い合う相手は猫以外の動物にもいるが、縄張り意識が強ければ、少なくとも他の猫との餌の取り合いは避けることができる。猫には、さまざまな方法でその場所にマーキングをしてそこが自分の縄張りであることを示し、他の猫からその場所を護る、という強い本能がある。猫の進化の歴史では比較的最近のことだが、血縁のあるメス猫とその子どもたちは、全員が生きていくのに十分な資源（食べ物と寝床）さえあれば集団で暮らせるようになっている。

縄張りを護る必要性から、猫は、他の猫との交流を促すというよりは、少なくとも少しの間は他の猫が近づかないようにするためのコミュニケーションを発達させた——もちろん、繁殖期は別だが。メス猫の縄張りは、子猫たちが食べていけるだけの広さを必要とする。オス猫は、メス猫との交尾が可能な一方で他のオス猫は近寄らず、生存のための狩りが可能なもっと広い範囲を見回り、自分のものとして護ろうとする。そういうオス猫の暮らしはおそらく、非常に厳しくて荒々しく、彼らはかなり短命だったことだろう。メス猫の生活はそれほど暴力的なものではないが、自分の他に子猫たちにも食べさせなければいけないというストレスがあったことだろう。もちろん、今でもそういうふうに暮らしている、あるいは人間から遠いところで集団で暮らしている猫は世界中にたくさんいる。

では、この小さな捕食者が生き残るために必要な身体的特徴とはどういうものだろう？　狩りに成功するためには、獲物を見つけ、獲物を出し抜き、電光石火の反射神経で、自分は怪我をすることなく獲物を捕らえて殺すことができなければならない。と同時に、猫を捕食する大型の動物もいるので、そうした危険を避けることも必要だ。小型の猫は、捕食者がほとんどいないライオンやトラのように余裕綽々として歩き回ることはできないのだ。

猫はこの世界をどのように見ているのか？

自分たちとはまったく違う生き物の行動の仕方とその理由を理解しようとするとき、彼らの目にはこの世界がどのように映っているのかを考えることが非常に役に立つ。そのためには、彼らを私たち自身と比較し、その違いに着目しながら想像力を働かせなければならない。人間のそれと比べて、まさに驚異的な感覚や能力を持っている動物は多いが、そういう動物のほとんどは私たちの身近にはいない。だが、私たちが飼っている猫は私たちの生活の一部であり家族の一員なのだから、彼らが周囲の環境をどのように体験しているのかを理解しようと努める義務が私たちにはある。もちろん、猫は人間の家で暮らすために進化したわけではない。だからそうすることで、猫が本能的にとる行動についてもいくらか理解できるようになるかもしれない。

視覚と聴覚

私たちは、背が高くて堅苦しく直立し、ゆっくり動く人間という生き物が、昼間は色彩を認識できる視覚と、自分以外の人間が立てる音を聞き取るのに十分な聴力と、（他の多くの哺乳動物に比べて）比較的劣った嗅覚を使ってどのようにこの世界を経験するか、それがすべての基準だと思いがちだ。一方猫は、人間と同じ物理的環境のなかで暮らしていても、人間とはまるで異なった形でこの世界を体験している。

猫が持っている最も驚異的な特徴のひとつは、大きくて美しい目だ。その美しさこそ、私たちがこれほどまでに猫に魅了される理由のひとつである。丸い顔のなかで猫の目は比較的大きく、まるで赤ん坊のようなその顔も、私たちにとって魅力的だ。だが猫の目は、他の多くの哺乳動物の目と構造は似ているものの、独特の特殊性と特徴を備えている。どうやら猫の目には、私たちと同じような色彩は見えず、見えるのはくすんだ青系と緑系の色、そして赤はくすんだ灰色に見えるらしい。猫が薄暗いところで獲物を狩るときのことを考えてみてほしい。猫は、夕暮れ時と明け方――つまり、彼らの獲物の多くもまた活動がさかんな薄暗い時間帯に、薄暗さというマントに隠れるようにして狩りをする。猫のつぶらな目は瞳孔が巨大で、それが大きく開いて光を取り込み、とても明るいところではそれとは逆にその開口部が細くなる。すると、青、緑、琥珀色など、虹彩のさまざまな美しい色合いがあらわになる。目の内部には光を反射する層があって光を最大限に利用でき、網膜には特に光に対して敏感な細胞があるので、人間にはかなり薄暗く感じられる状況でも猫には物がよく見える――人間が必要な光量の六分の一あれば見えるらしい。

昼間の光のなかでは、猫には人間の目に見えるほどの細かいディテールは見えず、また近くにある物には焦点が合いにくい(猫は二メートルから六メートル離れたところが最もよく見える)が、動きを追う、ということにかけては、猫は些細な動きも見逃さない。猫の脳内には微小な動きに反応する神経細胞があり、そのおかげで下草のなかの小動物の存在に気づくのである。狩りをする動物にとって、それが有利であることは明らかだ。

昔から、聴覚が鋭いペットといえば犬のことだと思われているが、音に対する敏感さという意味では、猫には、人間に聞こえる音よりもはるかに高く、犬よりもさらに高い周波数の音が聞こえる——だから猫は、主な獲物である小型齧歯動物が立てる音を聞き逃さないのである。

ただし、音が聞こえるだけでは不十分だ。その音を立てている生き物を捕まえたければ、その音がどこから来るのかを正確に突き止めなければならない。猫の耳はとても可動性が高く、両方の耳を別々に動かすことができるので、猫は頭を動かさないまま周り中の音を捉え、聞き取ることができる。音は内耳に送られ、その音がどこから来ているかを正確に伝える。おかげで猫は、視覚のみに頼ることなく、獲物のいる場所に素早くまっすぐに近づくことができるのだ。電光石火のごとき猫の反射神経と、距離を非常に正確に判断する能力が組み合わさって、猫は獲物の居場所を正確に把握して、恐ろしいほどのスピードで獲物に襲いかかる。獲物がじっと身体を動かさずにいると——襲われる動物の多くが身を護るためによく使う作戦だが——猫は獲物を見失うことがある。だが猫はとんでもなく辛抱強くて、獲物がもう安全だと思ってまた動くまで、ただじっと座って待つのである。

触覚

触れられたり押されたりする感覚、温度や痛みなどに反応する哺乳動物と同様、猫は身体中に触覚器官がある。ほとんどの人間は周囲の環境との交わりが希薄だったり同調できていなかったりするが、猫は、感覚の「力場」とでも言えるであろうものに囲まれており、被毛やひげ、足の裏や鼻を使ってそれらのスイッチをオンにできる。猫の毛はわずかな動きに敏感だし、足の裏は振動を敏感に感じ取る。

身体のさまざまな部位が持つ触覚の鋭さにしたがって、鋭い部位は大きく、そうでない部位は小さく歪曲されて描かれた人間の像（ホムンクルスと呼ばれる）は、手、唇、舌、性器が大きく、それに比べて背中、脚、足先、腕が小さい。だから指先や舌の先端は皮膚に刺さったごく小さい棘を見つけることができるわけだが、それ以外の部位はもっとずっと鈍感だ。これと同じように、触覚の鋭さにしたがって猫の絵を描くと、やはり頭が（特に舌と鼻が）大きく、足先が巨大になる。足の裏の肉球は触覚と振動に対する反応が非常に鋭い（猫が肉球を撫でられたり触られたりするを嫌がるのはおそらくこれが理由だ）。面白いことに、触られる感覚に鋭いと同時に、猫の足の裏は熱いものや冷たいものに比較的鈍感で、猫はとても熱い地面を平気で歩く。猫の身体のなかで温度に敏感なのは鼻と上唇だけで、猫はそれらを使って食べ物の温度や気温を判断するのである。子猫は嗅覚を使って母親の匂いを追いかけるが、同時に鼻先を使って、だんだん高くなる温度を追って母親に近づく。それ以外の部位は、（少なくとも私たち人間に言わせると）熱に対してずっと鈍感である——だから猫は、ラジエーターのような熱い物の上や火のすぐ横に座れるのだ。原産地が暑い国々であるおかげで熱さに強いのかもしれない。

寝ている猫のすぐ近くに手を置くと、その手が猫に触れていなくても猫はそこに手があるとわかる、ということに気づいたことはあるだろうか？　猫はまた、濡れた手で撫でるとわかるしそれを嫌がる。猫の体毛は、単に皮膚を覆う、何の役割も持たないものであると思ったらとんでもない——それはほとんど敏感すぎるくらいに敏感だ。感覚を持たない服を重ね着し、かなり鈍感な体毛を持っている私たち人間には想像もできないほどの、周囲の環境についてのたくさんの情報を猫に伝えるのである。猫の毛は非常に敏感であり、毛の下の皮膚には刺激に反応する触覚神経が豊富に存在する。

体毛が変化してできたのがひげで、上唇に並んで生えているものだけでなく、猫は目の上と顎にもひげがある。肘にはこれと似た、触毛と呼ばれる硬い毛が生えており、猫が何に触れているのか、あるいは周囲の空気の流れを神経系に伝える探知機の役割を果たす。これは、猫が暗がりを、前方で動くものに視覚を集中させながら進むのに役立つ——おかげで猫は音をさせずに動き、危険を察知し、周囲の環境を立体的に把握することができるのだ。口の周りのひげと体毛は、口に咥えた獲物の位置を感じることを可能にし、殺して食べるため姿勢をとるのに役立つ。私たちは猫の毛を、美しくてやわらかく、撫でると気持ち良いもの、と思っているかもしれないが、実はそれは、猫の驚異的な感覚系において非常に大きな役割を担っているのである。

嗅覚と味覚

ここまで読んであなたが、見える色彩は地味だけれども薄明かりのなかでは優れた視覚、周囲を「見る」ことのできるひげ、触れる物や振動を敏感に感じ取る肉球、そして非常に感度の鋭い体毛を通して周囲の環境を知る猫の不思議な世界に足を踏み入れ始めているとしたら、さらに不思議な猫の世界への旅を始めてもいい頃だろう――猫の嗅覚だ。猫が、感覚の海の中を進むところを想像してほしい――あたかも、過去、そして現在の周囲の環境に関する情報を伝える、色とテクスチャーの海の中を泳ぐように。人間の視覚と聴覚は決して悪くはないが、それと比べると嗅覚は劣っているために、嗅覚が飼い猫に与える影響を過小評価している可能性がある。

猫の鼻の粘膜にあり、空中の物質を識別するのに使われる嗅細胞は、人間の嗅細胞と同種類のものだ。ところが、猫の鼻の粘膜は折りたたんだようになっていて、あの小さな鼻の中で人間のものよりも表面積が広く、細胞の数も多いので、猫の嗅覚は驚くほど鋭い。猫は狩りをする際、犬のように鼻を頼りにしない（ただし、匂いで獲物の種類を特定することはできる）――猫は聴覚と視覚を使って獲物に忍び寄るのである。猫の嗅覚はむしろ、コミュニケーションをとる道具として使われる。他の猫や、人間や一緒に飼われているペットを含む「家族」が残したメッセージや印を読み取るのである。これについては後ほどもっと詳しく説明する。

舌にある味覚受容体は、舐めたり噛んだりしたものの識別に使われる。猫の舌は、味を感じる器官であると同時に櫛のような機能を持つ。中央には後ろ向きの鉤状突起が並んでいて、獲物を押さえたり、食べ物を舐め取ったり、被毛のもつれを取り除いたりするのに役立つ。舌の細胞は温度と味に敏感だ。猫は「甘さ」を感知しない。なかには人間が「甘いもの」と分類する食べ物を好む猫もいるが、そういう猫も、人間と同じように甘さを感じているわけではないかもしれない。猫は完全肉食動物（生きるために肉に含まれる成分を必要とする動物）なので、これは驚くにはあたらない――猫の味蕾は、タンパク質を構成する成分である化学物質の刺激に反応するようにできているのだ。肉の種類によって、含まれる脂質の匂いや味もおそらく異なるのだろう。

さらに猫には、嗅覚と味覚がひとつになったような、別の感覚器官がある。匂い（空中に浮遊する化学物質）が口の中に閉じ込められると、猫は舌を口蓋に押し付けて、長さ一センチほどの、管状になった軟骨にその空気を送り込む。口蓋上部にあり、前歯のすぐ後ろに開口部があるこの管は、鼻鋤骨器官《びじょこっきかん》、またの名をヤコブソン器官といって、これがあるおかげで猫は匂いを濃縮させると同時に味わうことができるらしい――人間はなくしてしまったもうひとつの感覚器官だ。この鼻鋤骨器官を使って猫が匂いを確かめるのは食べ物とは限らない。その主要な機能は、フェロモンと呼ばれる物質を嗅ぎ分けることにある――たとえば発情期のメス猫などが分泌する化学信号だ。

フェロモンは、同種の生き物に影響し、その行動を自動的に変化させる。ホルモンに似ているが、ホルモンが体内で働いて、それを分泌している個体にのみ作用するのと違って、フェロモンは身体の外側で分泌され、別の個体の行動に影響を与える。フェロモンが伝えるメッセージの多くはその個体の生殖状態に関するものだが、恐れやストレスなど、それ以外のメッセージを伝えるフェロモンもあることがわかっている。そうしたフェロモンの匂いを嗅いだり口内で味わったりすると、猫は不思議な行動を見せる——動きを止め、首を伸ばし、口を少し開け、上唇を持ち上げて、空気を鼻鋤骨器官に送り込むのである。猫のこの動きはさりげないのでよく観察しなければわからないが、あなたは馬が同じことをするのを見たことがあるかもしれない——馬の場合、上唇をおかしな形に持ち上げるので、口と唇の動きがよりわかりやすいからだ。しかめっ面をしているかのようなこの反応は「フレーメン反応」と呼ばれ、去勢されているか否かにかかわらず、オス猫にもメス猫にも見られる。また、マタタビやイヌハッカにも同じように反応する。

猫の動き

優れた聴覚、嗅覚、そして触覚を持つ猫の行動には、私たち人間はおぼろげにしか知らない要素が影響を与える。ハンターとして完璧につくられた猫の感覚器官は、猫が素早く、そして静かに行動できるようにできている。猫の見事な爪は引っ込められるようになっていて、獲物を狩ったり、高いところに登ったり、身を護ったりするのに使われるが、足音をさせず歩くときには引っ込めておく。感覚器官からさまざまなデータを取り込んだ猫は、素早く、躊躇せずに動けなければならない——そのためには、機敏に、獲物よりも素早く動ける健康な身体が必要だ。猫の小型の体形は尻尾によってバランスが保たれている。猫の身体的特徴の多くはそうなのだが、尻尾は、身体を動かすのにもコミュニケーションをとるのにも使われ、おかげで猫は地面を歩くだけでなく、高いところに楽々と登ったり跳び上がったりできる。猫の身体はしなやかで、不器用な猫はめったにおらず、人間のアスリートをはるかに超える身体能力を発揮する。猫は実に楽々と動くことができ、敏捷かつ自信たっぷりに、自分の身の丈の何倍も高く跳び上がったり、登ったり、バランスをとったりできるようにみえる。ドジを踏んだり高いところから落ちたりすることがないわけではない。そういうこともときには起こるが、猫にはさらに、空中で身体を回転させて四足で着地する能力があるので、同じように落下しても、猫は他の動物と比べて生き残れる確率が高い。

他の猫とのコミュニケーション

ここまでは、猫がどのように獲物を狩って生きているか、という観点で猫の特徴を見てきたが、猫の身体的特徴や感覚器官には二つの目的がある。猫のしなやかな身体と卓越した感覚器官は、単に食料捕獲や危険の回避のためだけに使われるのではなく、他の猫とコミュニケーションをとるのにも使われるのだ。これが、猫をよりよく理解するための次なるステップだ——つまり、猫同士がコミュニケーションをとるために、どんなボディランゲージや行動を用いるか、ということである。猫はどうやって、他の猫に情報を伝えるのだろうか?

人に飼われていない猫のライフスタイルを考えてみよう。猫は縄張り意識が強く、自分が生きるために十分な獲物を狩ることができる縄張りを護ろうとする。食べ物が豊富にあれば、複数の猫がひとつの地域に集まることもある。野良猫や農場に棲む猫が集団で暮らしているのを見たことがあるかもしれない。繁殖適齢期の猫の集団なら、それはおそらく血でつながったメス猫とその子猫たちである。ただしそういう猫たちは、他の、血縁のない猫がその縄張りに入ってくるのを防ごうとする。そのために猫は、メッセージを残す（次項参照）ことで、他の猫が寄り付かず、直接接触したり、（怪我をしかねないので）相手を物理的に撃退したりしなくて済むようにする。

例外は、発情期のメスが交尾の相手を探しているときで、そういうときに彼らが送るメッセージは明らかに相手を歓迎するものだ。集団の内部では、猫たちは個々の体臭を交換し合い、集団として共有する匂いをつくり出すことで、自分にとって安全なメンバーを確認する。狩りをしたり縄張りを護ったりするときに協力し合うことはないが、子猫の世話は共同で行うことがある。またボディランゲージも使うが、そのなかにはとてもわかりにくい（つまり、猫同士には一目瞭然でも私たち人間は簡単には気づけない）ものもあるし、わかりやすくて大げさなものもある。

匂いの交換

お互いをよく知っている、仲の良い二匹の猫が出会うと、頭、脇腹、そして尻尾をこすりつけあい、匂いを交換し合って挨拶をする。ちょうど私たちが知り合いと握手やキスをして、軽い会話を交わすようにである。尻尾をまっすぐ上げた姿勢は、相手の猫が友だちで、会えて嬉しいことを明確かつしっかりと示す――それから二匹は近づいて、鼻と鼻をくっつけたりする。尻尾が上に上がっていると、尻尾の上と下に臭腺がある肛門部をお互いにチェックし、自分が知っている匂いと一致するかどうかを確認しやすい。また互いにグルーミングをすることで匂いが交換され、猫が安心する集団としての匂いができていく。

だが、猫のメッセージの多くは、遠くからでも受け取れる情報を残すことを目的としており、他の猫を寄せ付けないためのものだ。猫は自分の縄張りの周りに、他の猫が見つけられるように匂いを残す。木の小枝やその他の物に軽く身体をこすりつけて、自分の匂いがする油性の分泌物をなすりつけるのだ。また、わざと顎や唇のあたりを何度も棒の先端にこすりつけ、口の周りの臭腺からの分泌物を塗りつける。こうやって匂いのついた物に他の猫は非常に興味を示し、そういう物から物へ、自分の匂いをその上からなすりつけながら移動したりする。それらを一つひとつ調べることで猫には、他の猫がいつそこを通ったのかがわかり、また自分自身のメッセージを残すことができるのだ。猫が縄張りの巡回中にすり抜ける塀や生け垣の狭い隙間にもまた、体の脂や匂い、それに毛がこびりつき、そこを通った猫について、あるいはそれが誰の縄張りであるかについて、同様の手がかりを残す。猫は他の猫の縄張りを徹底的に避けることもあるし、縄張りを「タイムシェア」することもある――顔を突き合わせないように、違う時間帯に行動するのである。

猫の汗腺は全身にあるが、そのうち人間の汗腺に似たものがあるのは足の裏の肉球だけである。この分泌物が肉球をしっとりした状態に保ち、（犬の足の裏のように）ガサガサになったりひび割れたりするのを防いで、肉球は敏感さや柔軟性を失うことがない。夜間の狩りの際には敏感さは特に大切だ——狙った獲物をしっかり睨みつけたまま、自分が何の上を歩いているのかを感じ取らなくてはならないからだ。

猫が何かを引っ掻くのには三つの目的がある。目に見える印を残し、匂いによるメッセージを残し、爪の古い外皮を剝がして、狩りのための武器を鋭く保つのである。またこの三つ以外の理由もある——一種の自己顕示、あるいは注意を引くためだ。猫が人に対してどのように振る舞うかを観察し、猫の行動が何を意味しているかを推し量ろうとする際に覚えておくとよい。

動物はまた、メッセージを尿に託して、そのインパクトが最大限になる場所に残す。尿はその猫について、発情期かどうか、あるいはそれが去勢されていないオス猫の縄張りを示すものであるかどうかなど、他の猫が読み取れるさまざまな情報を含んでいる。猫は、他の猫が匂いを嗅げるよう、猫の鼻の高さのところに尿を残すことが多い——壁や木や低木の茂みに背を向け、尻尾を高く上げた姿勢で尿を吹きつけるのだ。同時に、体を震わせ、後ろ脚で足踏みするような動作をすることもある。そして、細かい霧状の尿をまっすぐ後ろに向かって垂直面に吹きつけるのである。地面より高いところに尿を吹きつけることでまた、その匂いが風に乗って運ばれやすくなる。どうやら去勢されていないオス猫の尿（鈍感な人間の鼻にも強烈に臭う）は、一二メートル離れたところにいる他の猫にも検知でき、天候にもよるが、最長二週間消えないことがあるらしい。他の猫は、尿スプレーした猫についてたくさんのことを、何日間にもわたってそこから知ることができるのだ。マーキングのための化学物質は（天候によって）一定の速度で分解するので、そこにやってきた猫には、尿が吹きつけられたのがどれくらい前か、またそれがどんな猫であるかがわかる。匂いが薄れると同じ猫が再び尿を吹きつけたり、あるいは他の猫がその上から尿を吹きつけることもある。

ボディランゲージ

犬や人の場合と違い、猫にとって他の猫との社会的な関係は必須ではなく、安心するために他の猫が周りにいる必要がない。一匹でいるのを好む場合もあるし、状況や他の猫との相性によってはより柔軟に対応することもあるが、実は周りに猫がいないほうがリラックスできるという場合もある。その結果、猫は、人や犬のように、わかりやすい社会的コミュニケーション能力が発達しなかった。集団でいるために協力し合ったり妥協したりすることがないからだ。遠くから目撃されるのが目的の行動は、動きが大きくて大げさである一方、近い距離でコミュニケーションをとるのが目的の動作は非常に地味で、人間にとっては気がつきにくいことがある。もちろん、他の猫にとってはその意味は明白なのかもしれないが――これについては後ほど詳しく述べる。

猫のボディランゲージを、人間にとってわかりやすいように誇張したければ、子猫の行動や猫同士が遊んでいるところを観察するといい。子猫にとっては何もかもが面白いか怖いかのどちらかで、子猫は大げさなボディランゲージで気持ちをわかりやすく表現する。同様に、去勢していないオス猫のライバル同士が交わすボディランゲージは、騒がしくてすぐにそれとわかる――その目的は、相手を威嚇し、追い払って、実際に戦わずに済ませることにある。ただし、それはまずは睨み合いから始まることが多い。見ている人間にはわかりづらいかもしれないが、猫にとってはそれは強烈なボディランゲージである。

この後、頭、尻尾、ひげ、耳、目などを使ったボディランゲージのいくつかを詳細に見ていこう。それらはいずれも肉体の生存のための機能を果たしているのだが、ほとんどの場合はそれと同時に、猫の気持ちを表してもいる。ただし、一つひとつを切り取ってしまうと全体は伝わらず、猫が伝えようとしている気持ちを識別するのは難しいし、その意味を読み違えてしまいやすい――猫が私たちに何を伝えようとしているのかについては後ほど詳しく見ていく。猫が伝えたい内容の全体像を把握するためには、身体全体を考慮しなければならない。ひとつの特徴だけを切り取れば、やはりその意味を誤解しかねない――猫の気分や考えていることが変わったり状況が変化したりするのに伴って、猫が発する信号もあっという間に変わるからだ。たとえば、猫が身体を小さく見せ、脅威を感じる何者かから隠れようとしている場合、猫は手足と尻尾を引っ込め、身体と頭を低くし、大抵は耳を伏せ、瞳孔は開いて相手と目を合わせるのを避ける。逆に自分を大きく、威嚇的に見せようとしている猫は、毛を逆立たせ、頭をライバルに向けて睨みつける。威嚇されているほうの猫は、毛を逆立たせたまま身体を横向きにして、相手が怯えて逃げていくよう身体を大きく見せ、同時に、攻撃の隙を与えないようにゆっくりとその場から離れるか、あるいは身体を小さく縮めて隠れようとする。もちろんこれはかなり極端な場合で、これほど切羽詰まっていない状況でも、もっと微妙な姿勢の変化がさまざまなことを伝える。

猫は観察が大の得意だ――獲物を見つけたり、相手が友好的か、それとも危険な存在であるかを判断したり、次に起こることを予測したり、学習したり、あるいは単に好奇心から観察する。子猫は、母親や兄弟たちを見て学ぶ。だが、視覚の重要性を強調する、身体のサイズのわりに大きい目はまた、猫の気持ちもよく表している。たとえば興奮したり何かを怖がっていると、瞳孔の大きさに影響するアドレナリンなどの化学物質が分泌され、線のように細かった瞳孔が、目の全体が瞳孔に見えるくらい大きく開く。つまり、猫の目の瞳孔が大きく開いているのは、周りが暗いからのこともあるし、猫が怖がっているせいであることもあるのだ。そしてそのことを伝えるのは目を構成する個別の部分だけではない。猫は、相手を凝視することで互いを威嚇し、怪我につながりかねない肉体的な衝突を避けようとするので、相手とどんな視線を交わすかについては敏感である。

猫の耳は、一八〇度向きを変えられるし、左右別々に動かして音を特定し、追うことができるが、耳には、聴覚機能とともに気持ちを伝える機能もあり、興味、恐れ、怒り、混乱、苛立ちといった感情を表す。大型のネコ科動物のなかには、耳の後ろ側に模様があるものがあり、これは、相手に対する自分の動きや伝えようとしているメッセージを誇張する役割があるようだ。耳のてっぺんに房毛が生えているネコ科動物もいる。ピンと立てて前に向けた猫の耳は、興味、満足、自信を示す。その他のわかりやすい耳の位置として、たとえば耳を後ろ向きに回転させてUの形にしているときは、何かを怖がっていたり、不満だったり、混乱しているしるしだ――何かが変であることを認識して、どうしようかと考えているのである。あるいは、耳を横に倒して頭にぴったりとつけ、他の猫とのコンタクトを避けたり気づかれにくくすることもある。もちろん、こうしたわかりやすい形のほかにもさまざまな耳の位置があるし、片方ずつそれぞれ、まったく違うことをしている場合もある。猫は耳の位置を素早く変化させることができ、くるりと回転させて音を拾うこともある。

機嫌がよくリラックスして座っている猫の耳は通常、前を向き、ほんの少し後ろに傾いている。何かの音や動きに注意が向くと、額の筋肉が耳を引き寄せ、耳はよりまっすぐに立ち上がって「そばだてた」状態になる。人間が注意を集中させるときに額にしわを寄せるような感じだ。耳がピクピク動いたりくるくる回ったりし始めたら、その猫はおそらく、何かを心配しているか、ある音や状況について不安に感じている。不安が高まると、猫は耳をもう少し後方に向けて倒し、平らにする。

先に述べたように、暗いところで動くとき、あるいは獲物の位置を特定しようとするときなどにはひげの機能が役に立つが、ひげからもまた、猫の気分を読み取ることができる。猫のひげは私たちが考えるよりずっとよく動き、鼻口部の前に扇形に広げたり、引っ込めてぴたっとほっぺたにくっつけたりもできる――邪魔にならないようにしたり、前方に動かして何かをひげで触れることもできるし、興奮や関心を示すこともできるのだ。

猫は犬と違い、攻撃のために口を使うことはない――猫が口を動かさずに唸り声を上げたり、口を開けてシャーッと言ったりするのは、身の危険を感じてのことなのだ。唇を舐めるのは不安なしるしの場合があるが、舌をペロンと垂らしたり突き出したまま座っているのと混同しないこと——後者はリラックスしているしるしと思われ、往々にして愉快な表情になる。

猫が口を開けて呼吸したり荒い息遣いをしたりしているのは、暑いからではなく呼吸がしづらいからかもしれないので、対応が必要だ。目が覚めたとき、よくのんびりと身体を伸ばしながらするあくびは、猫が安心し、満足していることのしるしと考えられている。もちろん、自分の身を護るために相手を噛むことはあるし、猫に噛まれた傷は重症になることがある——猫の犬歯は細くて長いので傷は深いことが多いが、表面の傷口は小さくてすぐに閉じてしまい、閉じ込められた細菌によって膿瘍になりかねないのだ。人間が猫に噛まれたら決して油断せず、抗生物質で治療すべきである。

ここまで見てきた猫のさまざまな身体部位と同様に、尻尾にもまた、機能的役割とコミュニケーションにおける役割がある。たとえば狩りをするとき、猫は尻尾を身体の後ろにまっすぐに伸ばして獲物に近づき、最後に獲物に飛びかかるときには尻尾でバランスをとる。獲物を見張りながら尻尾がピクピクと動くのは、猫の関心と集中を示している。尻尾は上下左右に自在に動き、ゆっくり動かすことも素早く動かすこともできる。眠るときは身体の周りにしなやかに巻きつき、何かがとても怖いときはもしゃもしゃのブラシのようになって直立する。知り合いで仲良しの猫や人を見かけると、猫は尻尾を立て、背中前方に少しだけ傾けて、先端をちょっとだけ下向きにねじる。母猫を出迎える子猫は、尻尾を空中に持ち上げて駆け寄り、尻尾を母猫のお尻の上に下ろし、母親の尻尾の上からこすりつけて、母親が持ってきた食べ物をおねだりする。つまり、立っている尻尾はどんなときでも歓迎のしるしである。

子猫は、遊ぶときによく大げさな動作をする――成猫なら、よほど極端に感情的になっていたり、自由闊達な子猫時代に戻って遊んだりしているときでもなければ、めったに見せることのない動作だ。子猫が遊んでいるときや、猫同士で追いかけっこをして走り回る「狂気の三〇分間」には、尻尾が「逆U字形」になることがある。これはおそらく、人間の子どもがかくれんぼをしたり怖い物語を読んでもらったりしているときに味わって嬉しがる、怖さと興奮が入り交じったあの感覚だ。一般的には、猫がじっとして次に何をするか考えているように見えるときは、猫は尻尾をゆっくりと出鱈目に左右に動かす。二匹の猫が遊んでいるところを見ていると、そのうちにもっと荒っぽい喧嘩に発展し、最後はシャーッと威嚇し合うようになることも多い（私たちが子どもの頃、遊んでいて興奮しすぎると母がよく「いい加減にしないと泣くことになるわよ」と言ったものだったが、猫の遊びにもこれが当てはまる場合があるようだ）。尻尾の形と尻尾を振るスピードはさまざまだ――そしてそれは、身体全体の姿勢と動きの一部である。尻尾を乱暴にパタパタさせるのは気持ちが高ぶっていることを示す。ただしこれは一般論で、猫はそれぞれ日常生活のなかで異なった尻尾の使い方をする。猫の尻尾の使い方をどのように解釈したらよいかは第9章で述べる。ここでは、尻尾はコミュニケーションの道具であり、動きが速いほど、あるいは尻尾が逆立っていればいるほど、猫は興奮している、ということを覚えておこう。

ここまで、猫のボディランゲージと行動のほんの一部を紹介した――猫とはどういう生き物かを理解するための背景だ。私たちはおそらく、猫同士が送り合うもっと繊細なメッセージには気づいてもいないのだろうが、それでも少しずつ理解しつつはある。本書のタイトル『How To Talk to Your Cat（あなたの猫との会話の仕方）』は、インターナショナル・キャットケアの「猫に優しい行動原理」のなかの第一原理を拝借している――まず猫という種を尊重することを学び、それから個々の猫について詳しく知る、という考え方は、猫の行動に関するこうした知識を背景に、あなたの飼い猫について、またあなたの猫とあなたの関係について理解するのを助けてくれるだろう。

音を使ったコミュニケーション

もちろん、人間にとって「会話する」というのはコミュニケーションの重要な一部だが、私たちは、誰かと話をするとき、同時に相手のボディランゲージや相手の反応の仕方を読み、あるいは、その人がどういう人かという何らかの知識に基づいてコミュニケーションをとっている。本書で「会話する」というう場合、それはあなたが飼い猫とどのように接し、コミュニケーションをとるか、その全部を網羅する広い意味で使っている。

ここまで、猫が発する音――とても狭い意味での「会話する」の定義だが――については触れてこなかった。人間が声によるコミュニケーションを非常に重視し、猫がとても人気のあるペットであるわりには、猫が発する音について、私たちはあまり知らないし理解もしていない。猫は二〇種類以上の違った声を出すと考えられており、それらは、どういう状況で使われるかにしたがって分類することができる。

猫は、他の猫と接するときと人間と接するときでは行動の仕方が違うので、まず初めに、猫同士の「会話」について見ていこう。猫が声を使ってコミュニケーションする場面は主に三つある――母猫と子猫、交尾、そして喧嘩である。そこに人間を加えれば、猫と人間が交わす音もある。猫が発する声は、大きいことも小さいこともあるし、それらが組み合わさったり繰り返されたり同時に発せられたりもする。猫の発声は人間の発声とは方法がちょっと異なっている――舌はあまり重要ではなく、もっと喉の奥のほうで声を出すのである。喉頭部にある声帯に、空気がさまざまなスピードで送られることで喉と口の筋肉の緊張度が変化し、それによって出る音の質が変化する。猫は状況によって異なった声を使い分け、そしてその音は個体によって非常に異なる――母猫と子猫のコミュニケーションは特にそうだ。後で見ていくが、たとえばニャーと鳴いたり喉をゴロゴロ鳴らすコミュニケーションのための声が、いくつかの違う場面で使われることもある。

ではまず、猫同士のコミュニケーションの方法について検証し、その後で猫が人間とどのようにコミュニケーションするかについて考えよう――人間とのコミュニケーションは猫にとって、もともとのレパートリーに後から加わったものだからだ。猫同士の声によるコミュニケーションには、人間があまり目に（耳に）しないものが二つある。交尾の際の声と、他の猫と衝突しているときの声だ（少なくとも、家庭ではこういう声をそうしょっちゅう聞かずに済むよう願いたい）。その他、猫（や人）に対する親しみを示す声、そして、何かしたいとき、あるいはかまってほしいときに使う声もある。

●交尾の声と喧嘩の声

発情期のメス猫は、オス猫が自分を見つけるのを促すように、大声でうめくような長鳴きをする。発情したメスを見つけようとするオス猫同士が激しく競争することもあり、オス猫は、ギャーギャーと鳴いたり遠吠えのように大声で長鳴きして、メス猫にも競争相手のオス猫にも自分の存在を知らしめようとする。他の猫が近づきすぎたときは、この遠吠えは喧嘩を防ぐための警告となる。遠吠えには、繰返される唸り声や、遠吠えと唸り声の交じったような声が組み合わさることも多い。警告の声を発するメス猫もいる。交尾中のメス猫は、低く静かな唸り声を上げ、交尾の最後には叫び声を上げて、オス猫に襲いかかることも多い。そういうときの声は非常に好戦的である。

親しみを示すのではないときに猫が出す音には、シャーッという威嚇の声、スピッティング、唸り声、遠吠えのような声などがあり、相手に警告したり、脅かしたり、ショックを与えたりするのに使われる。嫌いな相手が近づかないよう警告するのに使われるのはお腹の中から絞り出すような唸り声で、少しだけ口を開けた状態で出す。唸り声は、シャーッという音と一緒に使われることもある。口を開けて歯を剝き出した状態で空気を勢いよく押し出して発するシャーッという音は、何かにびっくりして怖がっているときの反射的な反応であることが多い。スピッティングというのはさらに激しい威嚇音で、勢いよく息を吐き出して発する短い破裂音で、相手に警告したり怖がらせて追い払ったりするのに使う――怖いものに対する自動反応だ。

●母猫と子猫の会話

猫同士の交流に使われる声には、母猫と子猫が交わす声が数多く含まれている。そしてそのなかには、人間とのコミュニケーションに使われるものもある。猫がこうやって、相手との交流を促すような声を人間に対しても無意識に使っているというのは嬉しいことだ。子猫は、生後一〇日間ほどは目が開いていないし、耳が完全に機能するようになるには生後四週間ほどかかるが、母親に聞こえるように声を出せるようになるのは非常に早い。

研究によると子猫は、自分が孤独であると感じると——おそらくは、寝床から離れてしまったときや、他の子猫たちとくっついていないときに、自分が独りぼっちであるように感じるのかもしれない——独特の声を使って母親に訴える。その声は個体によって違い、母猫はそれがどの子猫の声であるかを聞き分けられるし、同様に子猫は母猫が喉の奥から出す「ルルル」という声を聞き分け、母猫が寝床に戻ってくると安心する。母猫はまた、子猫が少し大きくなると、この声を使って子猫に、寝床の外に出て一緒に周囲を探求するように促す。また、捕った獲物を子猫たちに持ち帰るときには独特の音を出すが、これは獲物の種類によって異なることがあり、おそらくは、子猫に気持ちの準備をさせるためのものだ——たとえばその獲物が、ハツカネズミよりも大きくて危険なネズミである場合などである。これは非常に面白い猫の行動で、猫同士のコミュニケーションのこうした側面については、まだまだ私たちが知らないことがおそらくたくさんあるのだろう。

喉をゴロゴロいわせるのも母猫から子猫へのコミュニケーションの方法のひとつで、それによって子猫の気持ちを落ち着かせる。子猫は、母親に応えて喉をゴロゴロいわせ、万事順調であることを知らせる。この音はあまり遠くまで聞こえないので、捕食者に気づかれることもない。そして、母猫に対しては子猫への授乳を促し、子猫に対しては母猫の乳を飲むように促す。子猫はまた、喉をゴロゴロいわせることで他の子猫を遊びに誘ったり、してほしいことを要求したりする。喉をゴロゴロいわせる意味は他にもあるが、それらについては、猫と人間のコミュニケーションについての項で詳しく見ていこう――猫は、いろいろなゴロゴロ音を使って私たちにさまざまな行動を促すからだ。

●成猫同士の声によるコミュニケーション

興味深いことに、猫が他の猫に向かって「ニャー」と鳴くことはめったにない――もしかしたらその必要がないのかもしれない。研究によれば、イエネコの声によるコミュニケーションは、野生のネコ科動物のそれよりも発達しており、複雑である。実際には、猫が猫に対して発する声やその意味について、私たちはあまりよく知らない。イエネコは身体が小さいので、自分より身体が大きくイエネコを獲物とする捕食動物の注意を引かないために、あまり声を出さないのではないかというのが科学者の推測だ。

仲良しの猫同士が近づいたり遊んだりするときには、口を閉じたまま つぶやくような小さい声を出すことがあるが、関係が良好な猫同士はお互いに対してあまり鳴かない。学術論文には、猫が発する声の種類として「トリル（喉で発する震えるような声）」「トウィードゥル（キーキーいうような高い音）」「ツイート（小鳥がさえずるような声）」などが挙げられているが、白状すれば私自身はこうした声を別々に認識できないし、それぞれを適切な名前で呼ぶこともできない。

●鳴き声による猫と人間のコミュニケーション

研究によると、野良猫（人間が住む環境で暮らし、繁殖するが、人間には近づかずほぼ独立して生きている猫）は、人間に飼われている猫よりも高い声で唸ったり鳴いたりする。これは、野良猫のほうがストレスや怖いものの多い環境で暮らしているからなのかもしれない。自分の力で生きていかなければならないのだから、驚くにはあたらない。集団で暮らしている野良猫は、互いに対してあまりニャーニャー言わない。野良猫だが人間に餌をもらう猫についての研究では、猫は餌をくれる人間に向かって鳴かないが、その人に慣れてくるにしたがって声によるコミュニケーションが増えるようである。

猫は、本来他の猫とのコミュニケーションに使う声を人に対しても用いるように進化し、そうした声の強さやトーンを変化させて、どんなときに、どのように使うかを、人間とのコミュニケーションに適応させた。「ニャ」「ニャー」とか「ニャーオ」といった鳴き声は、猫同士はめったに使わないが、猫が人間の注意を引くために最も頻繁に使われる。たとえば餌がもらえそうなときや、飼い主に餌をねだるときなどだ。これはさまざまな使い方がある鳴き声で、猫は口を開けた状態から鳴き始めてゆっくりと口を閉じる。

猫は「ニャーオ」という声をさまざまに変化させることができ、私たちはそれを解釈して、それが嬉しいときの「ニャーオ」かそうでないときの「ニャーオ」かさえわかる――そして驚いたことに、猫はその鳴き声を、相手に合わせて発することができるのである。猫は賢い生き物で、人間をよく理解している。私たちが猫の声に反応すると、猫はどういう鳴き方が一番効果があるかを学習し、その音を変化させる。生き残るための素晴らしいツールだ。

猫が発する音のうち、私たちが一番好きなものといえば、喉をゴロゴロいわせる音だ。子猫は早くから、息を吸ったり吐いたりしながら喉をゴロゴロいわせ始める。口は閉じたままで、同時に他の鳴き声を発することもできる。その音と振動は喉頭で、流れる空気の量の変化によって発生する。横隔膜その他の筋肉は喉をゴロゴロいわせるには必要ないが、呼吸のために必要で、ゴロゴロいっている猫は呼吸の回数も増える。

猫は何時間も喉をゴロゴロいわせっぱなしのことがあり、はっきりしたビートのある荒々しい音から、なめらかで眠たげ、あるいは退屈そうで、リズムがはっきりしないのでおそらくはまもなく止むと思われる音までいろいろだ。猫が必死に相手の注意を引こうとしているときには、高い音のゴロゴロ音を使うことが多い。猫のゴロゴロ音には二種類あることがわかっている——リラックスして満足しているときのゴロゴロと、餌が欲しかったり注目されたかったりするときの「懇願」するようなゴロゴロだ。後者にはより「切迫感」がある、と猫を飼っている人は言う。

音に関する学術誌に掲載されたある研究論文によれば、猫は、疼痛の緩和や細胞の修復に最適な周波数で喉をゴロゴロいわせることができる。ゴロゴロ音の周波数は、人間が、傷ついた骨の修復、疼痛緩和、筋肉や関節のこわばりの改善などの治療に用いる振動／電気的周波数と一致するのである。体の内側から病気を治すメカニズムがあるというのは、回復に要する時間を短縮させ、あまり運動しないときでも筋肉や骨を強く保つのに役立つ。

成猫同士も同様に、相手を安心させたり毛づくろいをねだったりするために喉をゴロゴロいわせることがあるし、またどこかが痛いときに自分を安心させるため、あるいは近くにいる攻撃的な猫をなだめるためにそうすることもある。猫は、物を食べるという行為や他者との好ましいやり取りに伴う幸福感を思い出して、どこかが痛かったり何かが怖いときに自分を安心させるのだろうか？　その答えは私たちにはおそらくわからない。だが猫は人間に対しても頻繁に喉をゴロゴロいわせるし、私たちはそれが大好きだ。これについては、第8章でより詳しく見ていこう。

●猫が発するその他の音

猫はまた、私たちの知る限り人間や他の猫に向かって発するのではなく、コミュニケーションの役には立たないが、何かにフラストレーションを感じていたりエネルギーが鬱積していたりすることを示す、奇妙な音を発することがある。猫はよく、たとえば窓の外の小鳥など、手に入れたいのに手に入らないものを目にしたときに、口を少し開けて唇を持ち上げ、顎を高速で開けたり閉じたりして歯をぶつけ合い、カカカ、という奇妙な音を発する。これは、唇を鳴らす音と歯と歯がぶつかる音が交じった音で、猫は興奮すればするほどこの音を出す。歯をカタカタいわせるのと同時に、哀れっぽい、鼻を鳴らすような小さな声で鳴くこともある。

獲物を巣に持ち帰るときには、かなり変わった声で鳴く――大きな、喉の奥から出る声で、それを何度も繰り返す。その猫の姿が見えなければ、知らない猫が家に入ってきたのだと思うかもしれない。どうやらそれは、食べ物を持ってきたことを知らせるしるしで、母猫が、狩りの仕方や捕らえた獲物の扱い方を教えるために、少し大きくなった子猫を呼び寄せているらしい。我が家では、家の中でこういう声が聞こえたときは、床にネズミが置いてある可能性が高い。

以上が、猫がどのようにして世界を捉え、身体の姿勢、行動、音を使って互いにどのようにコミュニケーションをとるのかについての基本である。このことを念頭に置いておけば、この後、人間と一緒に暮らす猫の行動を理解するのに役立つだろう。

2 人間と暮らす猫の行動に影響を与えるもの

ここまでは、まるでデイビッド・アッテンボローがナレーションを担当している野生動物のドキュメンタリー映像〔訳注／デイビッド・アッテンボローはイギリスの俳優。野生動物をテーマにした数々のドキュメンタリー番組でナビゲーターやナレーターを務めていることで有名である〕を観るかのように猫を観察してきた。カメラマンは動物には何の手出しもせず、視聴者は、人間が関与しないところで何が起きているのかを推測するという手法だ。だが私たちは主に、ペットとして、家族の一員としての猫に関心があるのであり、彼らと感情的なつながりがある。世界中には何百万匹という猫がおり、彼らは人間がいるからこそ——私たちが寝床を提供し、（ゴミとして捨てたものを猫があさるにしろ、実際に餌をやるにしろ）食べ物を与え、近くに猫がいることを望むからこそ存在しているのだ。だから私たちには、どんな暮らし方をしている猫であれ、彼らに対する責任がある。

猫の暮らしのなかに人間が加わると何が起きるのだろう？　人間は猫にどんな影響を与え、そして、彼らにとって最善の世話をするために、私たちはどうすれば彼らをよりよく理解できるのだろうか？

猫と人間の共同生活

まず初めに、猫のさまざまなライフスタイルと、それが人間の生活とどのように関わり合っているかを見ていこう。

猫と人間の接点がなく、猫が人の手を借りずに生きている場所は、世界中にほとんどない。ただし、すべての猫がペットとして飼われているわけではない——たとえば地中海地方を休暇で訪れれば、路上で暮らしている猫たちを目にする。インターナショナル・キャットケアには、猫たちのさまざまなライフスタイルを示す素晴らしい図がある（次ページ参照）。これを見ると、なぜ猫にもいろいろいて、人間と一緒に暮らすのが得意な猫とそうでない猫がいるのはなぜなのかを理解する助けになる。そしてそれが理解できれば、どうすればそれぞれの猫を、そのライフスタイルや日々の経験を尊重する形で助けてやれるかを学ぶことができる。

では、それぞれのカテゴリーについて見ていこう。「野良猫」は自然のなかで暮らしているが、人間に飼いならされた猫の子孫である。路上で暮らしているというだけで「野良」と呼ばれる猫は多く、野良猫という言葉の意味は世界各地で異なっているが、大抵は単に、その猫が人間のペットではないということを示している。ただし、本当の意味での野良猫は、人間が住んでいない地域に棲んでいる。彼らは自由に動き回り、好きなように移動して人間とは別々に暮らし、人間から餌をもらうこともない。お

独立して自由に動き回るのに適応しているか、ペットとして人間と同居することに適応しているかに基づいた、さまざまな猫のライフスタイルを示した図。提供：インターナショナル・キャットケア。

そらくは野良猫から生まれ、屋外に暮らし、生きるために自分で獲物を狩る。かつて人間と暮らした猫の何代も後の子孫で、人間には慣れておらず、人間の家に閉じ込められるのを嫌がる。

たとえば地中海地方での休暇中によく見かけるのが、街で暮らす野良猫、「街猫」だ。屋外に暮らし、自分で獲物を捕ったり、残飯をあさったり、また人間に餌をもらうことも多い。生ゴミをあされるホテルの近くや港、あるいは猫好きの人間に餌をもらえるところの周辺に集団で暮らしている。餌をくれる人や、レストランの屋外のテーブルで食事している人の近くに寄ってくるので人に慣れているように見えるが、おそらくは、触られたり行動を制限されたりするのを嫌がるだろう。実際、こういう猫は人間の家の中で暮らすことを強要されるのを非常に苦痛に感じる。

「飼い猫（ペット）」というのは人間の家で暮らす猫で、完全に室内だけで暮らす猫もいれば、家を出たり入ったりできる猫も多い。人間に慣れていて人間とのコミュニケーションを楽しみ、知らない人に会ってもリラックスしたものだ。飼い猫が道に迷ったり捨てられたりして野良猫になる場合もある。

インターナショナル・キャットケアでヴィッキー・ホールズと密接に連携しながら働いていた頃、私たちは、動物保護センター（里親センターとかシェルターなどと呼ばれることもある）にいる猫たちのことをずいぶん考えた。なかには人なつこくて、保護センターにやってきた人とコミュニケーションをとろうとする猫もいるし、一日中毛布の下や猫用トイレのなかに隠れている子もいる。保護されたばかりの猫のほとんどは、初めて見る景色、音、匂いを怖がって隠れようとするが、間もなく隠れるのをやめて周囲とコミュニケーションをとり始める猫がいる一方、不安と恐怖から逃れられない猫もいる。私たちはこういう猫を「中間猫」と呼ぶことにした。彼らはペットとして人間の家で世話をされていたことがあるが、人の近くにいるのが苦手なため、その関係はあまり満足のいくものではなかった。おそらくは、子猫だったときに、人間とのコミュニケーションの質や量が適切ではなかった（これについてはこの後述べる）可能性が高く、その結果、人間といると怖くて不安で動揺してしまうのだ。中間猫の飼い主はよく、自分の猫が自分から身を隠したり、よその人が来ると静かになって（あるいは、触ったり抱き上げたりしようとすると噛んだり引っ掻いたり、あるいはシャーッと言って）姿が見えなくなってしまうと言う。外で過ごす時間が長く、餌や水、そして暖をとるために家に入ってきたりする。ストレスが溜まると家の中で排尿・排泄をすることもある。こういう猫にとって、人間の暮らす環境は居心地が悪いし、撫でられたり抱かれたりするのが好きな猫――いわゆる「ペット」――が欲しい飼い主はがっかりするかもしれない。

猫といえば「ペット」を意味すると捉えている人がほとんどだ。辞書にあるペットの定義は、「人生の伴侶として、あるいは愛玩動物として家畜化され、人間に飼いならされた動物」である。これは、人間が伴侶や喜びを感じるものを必要としているという事実に基づいた、非常に一方的な定義であるように思う——動物にとっての伴侶とか喜びがどういうものであるかを考慮していないのだ。私たちが欲しいのは、人間と一緒にいることが楽しく、私たちと一緒に暮らすために「飼いならされる」必要がない猫である。猫には、私たちとともに暮らす生活が、互いに楽しく心地良いものであると思ってほしいのだ。

猫がペットになるまで

なぜこのようにさまざまなライフスタイルがあるのだろう？　猫はペットになりたくて生まれてくるわけではない。子猫は「ペット」という概念を持たないし、人間と同じ環境で暮らすというのがどういうことかも知らない。もしかするとペットというのは、猫と人間が、その関係からどちらも恩恵を受けながら快適に暮らす状況のことである、と定義すべきなのかもしれない。いわゆる「きちんとした飼い主」と暮らす猫は、必要なら獣医にもかかれるし、餌も暖かい寝床もある。人間は飼い猫を、撫でたり抱き上げたり、ときには頬ずりしたりキスをしたりしたがり、猫には少なくともそれを許容するか、できればそうされて嬉しい様子を見せてくれることを期待する。すべての子猫にそれを望んでも無理はない。でも、人間の近くにいることが非常にストレスになる猫もなかにはいるのだ。ではいったいなぜ、人といるのを楽しむ猫と、それを恐ろしいと感じる猫がいるのだろう?

ある猫が、人間と暮らすのを楽しいと感じるか、それとも人間を避けたがるか——それにはさまざまな要因がある。たとえば、親から受け継いだ遺伝子、母猫が妊娠中に周囲の環境から受ける影響(それは子猫にも影響を与える可能性が高い)、子猫自身が体験したこと——何よりもまず生まれて最初の二か月、そしてその後に経験したことなどだ。

人間と同じように、猫も、行動の傾向や気性は親から遺伝するというのはうなずけることだ。人間には、神経質で怖がりの人もいれば自信家で大胆な人もいる。子猫が遺伝的に怖がりであるとすれば、飼い猫として人間と暮らすのに慣れさせるのはずっと大変である。

特定の遺伝子を選択することで違ったタイプの猫が生まれるという一番わかりやすい例は、さまざまな純血種の猫の身体的特徴だ。身体の大きさや形、頭の形、被毛のタイプや長さ、色など、その違いは明らかである。血統は、特定の特徴を持つ猫を同様の特徴を持つ猫とだけ交尾させたり、管理された方法で異なった特徴を取り入れたりすることで維持される。したがって、このような選択的な繁殖方法を使えば、身体的特徴とともに特定の行動の仕方が次の世代に受け継がれる可能性は高い。猫の品種については第7章で詳しく見ていく。

短い感受期――子猫の成長過程

私たちは、人間がどのように成長し、幼少時の体験がその後の人生にどのような影響を与えるかについて学びつつある。子猫の成長過程についても、研究によって多少のことが明らかになってはいるが、おそらくはまだまだ知らないことが多いだろう。だが子猫には、周囲の環境に特に影響されやすく、経験から学んでその情報を消化しやすい時期というものがあるようである。動物行動学者はこの時期のことを「感受期」と名付けた。子猫の生後二か月間がこれにあたる。子猫が、自分では何もできない無力な状態から独立した状態までどれほど迅速に成長しなければならないかを考えると、この時期の脳が、生きていくうえで何がオーケーで何を避けなければいけないかを急いで覚えなければならないのは当然である。このとき子猫はまだ母猫の保護下にあるので、母猫に指導してもらいながら学ぶことができる。この時期が過ぎると、子猫は生きていくために、素早く、かつ無意識に反応できなければならないのだ。この時期に経験する人間や他の動物との関係がポジティブなものであれば、それらに対する子猫の反応は生涯ポジティブなものになるだろう――なぜなら、脳の思考過程はこの時期につくられ、この時期が過ぎると脳は可塑性と順応性が低くなるからだ。感受期に人間について悪い経験があったり人間との接触がまったくなかったりすると、人間と心の絆を築くのは容易なことではなくなり、子猫は成長すると人間を怖がる猫になる。

この短い感受期は、猫の、物事全般に対する接し方に大きく関わり、その影響は生涯にわたって続く。馴染み深さが拠り所である関係性はこの時期につくられるので、猫が社会的な関係を持つ生き物の輪に人間や、犬など猫以外の動物が加わることになる。こうして猫は彼らと怖がらずに接するようになるのだ。逆に、この時期に彼らとの適切な接触が起こらないと、猫の一部の能力が発達しないか、発達しても部分的で、たとえば人間や犬との接触を怖がるようになり、これは取り返しがつかない。

子猫はまた、この非常に重要な時期に、自分の周りに見えるもの、聞こえる音、匂い、触れるもの、起こる出来事に慣れていく。怖がったり避けたりすべきものを見分けられるようになり、母猫から自立して自分の身を護るために素早い判断をしなければならないときに必要となる反応の仕方をあっという間に覚えるのである。これがうまくいけば、子猫は自分に害を及ぼさないものを見分け、それに対して過度に反応しなくなる。感受期に幅広い経験をし、それらに対する対処の仕方を学んだ子猫は、その能力を使って、生活全般に目新しいものを取り入れることができ、たとえば人間の家庭など、環境の変化に対応する能力が高まる。ところが、人間の家庭によくある物に触れたりそれに慣れたりする機会のない環境で生まれ、そのまま感受期を過ごした子猫は、その子に安心してほしいからあえて家に置いてある物にもストレスを感じたり、怖がったりするようになってしまう。

感受期——生まれてから最初の二か月が大切

こうしたことはすべて、ブリーダーのように意図的に子猫を育てる人、あるいはうっかりと（飼い猫の去勢が、発情期が来て妊娠するのを防ぐのに間に合わなかったなどの理由で）子猫を育てることになった人のいずれにも、非常に大きな責任があるということを浮き彫りにする。生まれてからの最初の二か月間に、子猫をどう扱い、子猫の周りで何をするかが、猫がペットとして飼われることに満足し、人間に対してリラックスして接することができるかどうかに大きく影響するのである。人間の家庭で暮らすことにストレスを感じる猫は、隠れたり、尿でマーキングしたりして環境に対応しようとする――そうした行動を人間は「問題行動」と捉えるが、それは実は、恐れや不安に立ち向かうための、ネコ科動物にとっては自然な行動なのだ。

子猫は、優しく撫でられたり、持ち上げられ、抱かれたりするのに慣れる必要がある。そうやって自分に向けられる注意を、子猫が心地良いと感じるようになることを目指そう。猫と接するときには常に、優しく、威嚇的でなく、猫が安心できるようにすることが何よりも重要だ。人間の子どもと同じように、子猫が疲れていたりとても興奮しているときではなく、コミュニケーションに没頭し、それを楽しめる時間帯を選ぶのが正解だ。研究によれば、生後七週間ないし八週間までの感受期に、何度かの短いセッションに分けて一日に合計四〇分から一二〇分間、人間と触れ合い、優しく話しかけることで、子猫は安心して人間に近づき、スキンシップを楽しめるようになる。落ち着いた母猫や同腹の子猫たちがいるところでそれをすれば、人間との触れ合いがポジティブな経験になるのにいっそう役立つ。

飼い猫が、自分には慣れているのに、性別や年齢が違う人を見ると怖がる、と言う人が多い――おそらくは、一人で猫を飼っていて感受期に子猫と接していたその飼い主と、見た目が異なる人たちのことだ。年齢、性別、身体のサイズなどがさまざまに異なる人間と感受期に接することで、子猫は成長してからそうした差異を受け入れやすくなる――人間にはいろいろな種類がいる、というのが当たり前のことになるからだ。研究によれば、生後七週間までにタイプの違う人間(男性、女性、成人、子ども)四～五人と接した子猫は、成猫になってから人間のそばにいるのが好きになり、コミュニケーションがとれる可能性が高くなる。逆に、子猫のときに一人の人としか接触のなかった猫は、その人のことは大好きでも、それ以外の人間を脅威と感じ、避けようとすることが多い。

一般的な人間の家庭で猫が見たり、聞いたり、味わったり、触ったり、匂いを嗅いだりする可能性のあるできるだけたくさんのもの――たとえば掃除機、洗濯機、テレビ、さまざまな床材、車でのお出かけなど――を、少しずつゆっくりと経験させると、成猫になったときに、人間が普通に生活する家で安心して暮らせるようになるのに非常に役に立つ。

もちろん、子猫は生後八週間経った後も学習を続けるわけだが、幸先の良いスタートを切れれば、物怖じせず、自信を持って目新しいものに接し、学ぶことができるようになる。生後すぐにこうした経験ができないと、新しいものから逃げようとしたり、怖気づいて学ぼうとしなくなる可能性が高い。つまり、ポジティブな経験がポジティブな性格を生むのである。子猫のうちに人間やその家庭環境を経験できなかった猫は、残念ながらその欠落を補うことができず、怖がりのまま人間と暮らすことになる。猫に詳しい専門家は、子猫のときに身についた人間に対する態度は、少なくとも三歳まで、だがおそらくは一生変わらないと考えている。

母猫の妊娠中のストレス

母猫が妊娠中にストレスを抱えていたか、それともリラックスしていたかということも、子猫が周囲の世界とそこにある試練にどれくらいうまく対処できるかに影響する要因のひとつである。具体的に猫で行われた研究はないが、他の哺乳動物の場合、妊娠中にストレスにさらされた親から生まれた子どもの多くは、「後成的影響」と呼ばれるものに苦しむ。つまり、ストレスの多い環境が子どもに影響し、ストレスに対してより強く反応するようになるのである。そういう子猫は、人間を恐れずに一緒に暮らせる猫に成長するのがますます難しい。もちろん、母猫の性格や人間に対する態度も子猫に影響するので、母猫が平気で人間と仲良くしているのを見れば、子猫もそれを真似る。残念ながら私たちは、母猫が子猫にどんなに重要なことを教えているかを理解していない。だが、母猫を失った子猫を人間が育てようとすると、それが単に食べ物を与えるという簡単なことではないことがわかる。母猫が子猫にどうやって行動の仕方を教えるのか、私たちは知らない。人間の手で育てられた子猫が、要求が多く、欲しいものが手に入らないと攻撃的になるように見え、一緒に暮らしにくい、というのは珍しくない。これは、欲求不満の対処法を学ばなかったことと関係があるのかもしれないが、推測にすぎない。

子猫の性格は、成長してからも変わらないのだろうか？　自信があって人なつこいという理由で選んだ子猫の性格は、成長すると変化するのだろうか——あるいは、神経質で怖がりの子猫は、成長したらもっと自信がつくか、という問いのほうがより重要かもしれない。研究によると、生後四か月で好奇心が強く活動的な猫は、一歳になってもそのままだった。これはおそらく、大胆さ、あるいは自信の有無に関係している。

生後すぐに人間との良い関係を経験した子猫は、ネガティブな経験に対する耐性が強く、ネガティブな経験を何度も繰り返さなければ人間を怖がるようにはならないし、成猫になると、初めて見る人間にもなつき、信頼する。だが子猫のときに良い経験をしなかった猫は、ポジティブな経験を相当な数重ねない限り新しい人を受け入れない。逆に、ほんの数回のネガティブな経験は、そもそも人間を怖がるのは正しかったのだ、と思わせてしまう。また人間を怖がる猫が、人間から離れても生きていくことができた場合、猫は自分の決断が正しかったのだと思い、これからも人間には近づくまいという決意をますます固くするのである。

要するに子猫の性格は、遺伝的特徴、母猫が妊娠中に置かれていた環境、そして子猫のときに経験したことがすべて組み合わさって決まり、その子猫が世界とどう向き合い、変化や試練に立ち向かうのかに影響するのである。子猫がどのように行動するかはまた、そのときの状況にもよる。ある状況ではとてもおおらかに振る舞う猫が、別の状況では攻撃的に思える反応を見せることもある。このことを知っていれば、自分の飼い猫の、一見矛盾する行動を理解するのに役立つかもしれない。また、私たちが飼い猫にどのように接し、その周囲でどのように行動するかということも、猫の行動に大きく影響する

――これについては後でより詳しく述べる。

生まれてすぐの子猫がどのように成長し、それがその後の生き方にどのように影響するかについてはすでに触れた。ここまでで、何が猫の性格を決めるのかがわかったことと思う――遺伝的特徴から生後すぐの経験まで、猫の性格の基盤となる要素だ。それはまさに土台であって、襲いかかる試練への立ち向かい方や他の生き物と構築する関係を左右する。あなたが飼っている猫は、基本的に神経質で臆病かもしれないし、あるいは大胆で自信にあふれ、まったく違う生き方をするかもしれない。ではその他に、猫とあなたの関係に影響を与えるものはあるだろうか？

年齢――六つのライフステージ

猫の基本的な性格は生後かなり早い段階で決まるということがわかった。ただしその後も猫は学習し、成長し続ける。猫の年齢を見た目で当てるのはとても難しい。人間のティーンエイジャーにあたる猫の年齢はいくつで、いつから中年になるのだろうか？　昔から犬について言われるように、猫の年齢の七倍が人間の年齢に相当するのだろうか？　人間の年齢との比較において、これはかなり大雑把なやり方だ。インターナショナル・キャットケアは、猫の成長の早さと、身体的・行動的に成熟するのがいつかということを考慮して計算された、猫と人間の年齢の比較表を考案した（次ページ）。猫はなかなか優雅に歳をとる。犬のように体毛が白髪になることはないが、毛の色が少し変化して、黒かった毛が茶色

あなたの猫の年齢は？

	ライフステージ区分	猫の年齢	該当する人間の年齢
	子猫 生後6か月まで	0～1か月	0～1歳
		2か月	2歳
		3か月	4歳
		4か月	6歳
		5か月	8歳
		6か月	10歳
	ジュニア猫 7か月～2歳	7か月	12歳
		12か月	15歳
		18か月	21歳
		2歳	24歳
	成猫 3歳～6歳	3歳	28歳
		4歳	32歳
		5歳	36歳
		6歳	40歳
	熟年猫 7歳～10歳	7歳	44歳
		8歳	48歳
		9歳	52歳
		10歳	56歳
	高齢（シニア）猫 11歳～14歳	11歳	60歳
		12歳	64歳
		13歳	68歳
		14歳	72歳
	超高齢 （スーパーシニア）猫 15歳以上	15歳	76歳
		16歳	80歳
		17歳	84歳
		18歳	88歳
		19歳	92歳
		20歳	96歳
		21歳	100歳
		22歳	104歳
		23歳	108歳
		24歳	112歳
		25歳	116歳

図版提供：インターナショナル・キャットケア

っぽくなったりすることはある。また、老猫になるまでは、その優美な動きも失わないし、歳をとってもときどき子猫のように遊んだりもする。たとえ関節炎に罹っても（そういう猫は驚くほど多い）、痛みを隠すのがものすごく上手で、多くの場合は、足を引きずったり痛さを表に出したりしない。ただし、これから見ていくように、猫の状態を知る手がかりとして注意すべきこともある。

猫は、身体のサイズのわりに長生きだ。一般的に、大きな動物は小さな動物より寿命が長い――ゾウとネズミを考えるといい。カメ、人間、そして他のいくつかの動物は例外だが、ネズミのような小型哺乳動物の寿命は二年くらいだし、ペットとして飼われているウサギの平均寿命はおそらく八年、犬ならば、犬種や大きさ、活動量、あるいはその両方によって、七年から二〇年ほどだ。猫は、平均的なウサギより若干大きい（ただし大型のウサギ品種よりは小さい）程度だが、平均して一二年から一四年ほど生きる。二〇歳近く、ときには二〇歳を超えることも珍しくない。猫の一生は、子猫の時代から非常な老齢まで、六つのステージに分けて考えることができる。

猫の一生はまず「**子猫**」として始まるが、子猫である時期は長くない――生後六か月になる頃には、子猫は急速に成長し、いろいろなことをさっさと学んでいる。それに続いてやってくるのは、去勢されていない猫ならば、（時期や気温や日の長さにもよるが）今度は自分が子どもをつくれる時期である。この成長の早さに、飼い主はしばしば戸惑う。自分の子猫が親になれると気づかないからだ。現在は、ほとんどの福祉団体が、生後四か月で避妊処置をするよう勧めている――メス猫がそれほど若くして母親になる可能性を排除するためだ。

この、生まれてからすぐの六か月の間に子猫は、目も開かず、母親に抱きついて乳を飲むこと以外ほとんど何もできない頼りない状態から、驚くほどの機敏さと鋭い五感を使い、（必要ならば）生きるために獲物を捕ることができる状態にならなければならない。その時点で、母猫はすでに次の子どもたちを産んでいるかもしれない——母猫は産後すぐに発情期を迎えるし、妊娠期間はたったの九週間だからだ。だから子猫は、独立して生きていく力を短期間で身につけなければならない。人間に世話をされていない子猫にとって、厳しい外の世界で生きるのは困難であり、いろいろなことをさっさと覚えて、ごく幼いうちから自分で自分の面倒を見られるようにならなければならないのだ。生後六か月の猫は、人間で言えば一〇歳にあたり、思春期の一歩手前である。この時期の子猫はとても魅力的だが、同時にその好奇心の強さのおかげで厄介事に巻き込まれる可能性もある。飼い主が家の内外にある危険を知っておくことで、無事にこの時期を過ごさせることができる。

また健康面でも、ワクチン接種、寄生虫の駆除、ノミ取り、そしてもちろん去勢処置（第5章を参照のこと）などを行って、最善のスタートを切らせてやることが必要だ。子猫のうちに、獣医の診察を受けたり、歯を掃除したり、錠剤の薬を飲んだり、グルーミングしたり、キャリーバッグに入って車で出かけたり、といったもろもろのことのために人間が触るのに慣れさせ、それがトラウマにならず、楽しいと感じるようにしてやることが、後日その猫のためになる。サラ・エリスの著書『The Trainable Cat（しつけやすい猫）』、またインターナショナル・キャットケアのウェブサイトには、人間世界で起きるこうしたさまざまな出来事に子猫を慣れさせるための情報が豊富にある。自分の名前に慣れさせ、名前を呼ばれた子猫があなたのところに来たらご褒美をあげるようにすれば、呼べば来るようになって助かるだろう。また子猫のうちに、ウェットフード、ドライフードなどいろいろな形状の餌をやると、歳をとってから食べるものを替えなければならないときの役に立つ。猫はときとして、餌の形状については非常に頑固なのだが、健康のために替える必要がある場合もあるからだ——たとえば、歳をとって腎臓が悪くなり、ドライフードからウェットフードに切り替える場合などである。また、小さくて可愛いときはよくても、身体が大きくなり爪や歯が鋭くなったときにしては困る行為を、子猫のうちにけしかけないようにしなくてはいけない。私たちが子猫と遊ぶときに、手を子猫の周りで動かし、子猫がその手を追いかけたり、摑んだり、嚙みついたり、引っ搔いたりするようにけしかけるのがその最たる例だ。私たちは、小さくて可愛いときには興奮するだけさせておいて、嚙んだり爪で手を摑んだりされるのが痛くなるとそれをやめさせるために叱る。すると子猫はどうしていいかわからず、人間との関係性が損なわれかねない。

子猫の次は「**ジュニア猫**」というステージになる。これは生後七か月から二歳の終わりまでのことで、子猫と成猫の中間の期間だ。人間ならば、一二歳から二四歳までにあたり、子猫のときよりも身体の成長はゆっくりだが、(願わくば)精神的に成熟し、自分が暮らす世界が理解できるようになる。身体は成猫のサイズになり、周囲の環境に合わせて生きる術を身につける。だがまだ学習は続いている——子猫のときの経験に基づいて、物事への対処の仕方を学んでいるのだ。この時期の猫は好奇心が強く、あなたが飼い猫を初めて外に出すのもこの頃かもしれない(そしてそれはいつもとてもハラハラする)。

呼べば来るように訓練しておけばこういうときに役に立ち、外に出したり呼び戻したりが簡単にできるし、猫は出入りの方法に慣れたり、キャットフラップ（猫用ドア）の使い方を覚えることができる。

生後三年目には猫の成長は止まり、行動も成熟して、子猫時代から完全に脱却して「**成猫**」らしい行動をするようになる。三歳から六歳の間は猫の最盛期とされる——完全に成長し、健康で活発で、しなやかに、輝くように日々を過ごすのだ。人間で言えば二八歳から四〇歳にあたる、完全な大人である。飼われている家庭の習慣や生活リズム、そして自分の縄張りもわかっている。

七歳から一〇歳の間の猫は「**熟年猫**」とされる。人間の四〇代半ばから五〇代半ば、肉体的にも感情的にも成熟し、願わくば元気で健康で、すっかり家族の一員だ。おそらくは人間を自在に操り、自分なりの、人間をターゲットとしたコミュニケーション戦略を身につけている。そして私たち人間もまた、猫がさまざまな状況でどのように振る舞い、どんな行動をとるかを予測できるようになっているだろう（第9章でその例を紹介する）。

一一歳から一四歳の猫は「**高齢（シニア）猫**」とみなされ、人間で言えば六〇歳から七二歳くらいだ。高齢の猫はまさに黄金の価値があり、とても貴重な存在である。一五歳を過ぎると「**超高齢（スーパーシニア）猫**」となり、人間なら七六歳以上に相当する。インターナショナル・キャットケアが初めてこのライフステージ区分表をつくったときは、このステージは「老年」と呼ばれていた。おそらく当時は、人間の世界でも獣医学の領域でもこの言葉が使われていたせいだろう。だが現在は、この言葉はあまり好まれない——なぜなら、病気あるいは虚弱というイメージを喚起するからだ。だが人間と同じく、七〇代半ばにあたる年齢を超えても非常に元気な猫もいる。そこでこの名称は、もっとポジティブなイメージのある「超高齢（スーパーシニア）猫」と改名されたのである。興味深いことに、スーパーシニアと呼ばれる人間は、認知能力的にも身体的にも高い機能を保ち、加齢に伴う主な慢性病を回避したまま歳をとった人のことを指し、約一パーセントの人間がこれにあたる。猫の場合、こうした高齢に達するのは一パーセントを超えるだろう――現在ではこれは珍しいことではないし、それはおそらく、良好な栄養状態、予防的なヘルスケアと獣医学の発達の総合的な結果だ。この時期は、餌の食べ方、グルーミング、体重、猫トイレの使い方、人間との接し方などに、健康上の問題を警告するような行動の変化の兆しがないかどうか、特にしっかりと見張る必要がある。

去勢処置をするかどうか

オスであれメスであれ、去勢処置をしていない猫を家の中で飼いたがる人はほとんどいない。盛りがついた猫の行動の背後には、交尾する相手を見つける切実な必要性がある。メス猫は、一年のうちの時期、気温、日照時間などにもよるが、早ければ生後四か月、多くの場合は五か月から六か月で性的に成熟し、受精して子どもを産むことが可能になる。もちろんこれは意識的にしていることではなく、日照時間が長くなることで活性化されるホルモンがこうした行動をとらせる結果だ。

つまりメス猫は、自分が交尾の相手を探していることをオス猫に知らせようとするのである。同様に、オスの子猫も成熟は早い。メス猫は定期的に、痛がっていると誤解する人が多い奇妙な鳴き声を上げ、さかんに外に出たがる。妊娠しない限りこの行動は約二週間続き、いったん止まってはおよそ三週間ごとに繰り返されて、日照時間が変化するまで続くが、それは少なくとも六か月先のことかもしれない。このような行動をとる猫と暮らす六か月は長い。

避妊手術をしていないメス猫のいる地域には、去勢していないオス猫が集まってくる。オス猫は、長距離を移動し、尿を吹きつけ、その地域にいる他のオス猫と喧嘩し、交尾したがっているメス猫を見つけようとしてギャーギャー鳴く。オス猫同士が喧嘩すると、病気をうつしたりうつされたり、怪我をして膿瘍ができたりする可能性が高い。行動範囲が広いので、道路で車に轢かれる危険性も高くなる。

去勢処置をしていないオスの飼い猫は、より広い範囲を歩き回る確率が高まり、戻ってこない可能性もある。家の中で尿スプレーをすることもあり、臭いを取り除くのは非常に難しいし、その臭いとともに暮らすのは不快である。また去勢していないオスは周囲に反応しやすく、飼い主に対して攻撃的になることもある。こうした理由から、ある特定の純血種のオス猫を交配のために去勢せずに飼っているブリーダーは、大抵の場合、家の中ではなく屋外の囲いのなかで飼っている。それはまた、自由に外を歩き回らせれば遠くまで行き、喧嘩をしかねないので、身の安全を護るためでもある。

つまり、子猫は早いうち（生後四か月）に去勢処置を施して、こうした問題を防ぐのが望ましい。ほとんどの人は、去勢されていないオス猫を飼うのを嫌がるものだ。

猫の生育環境——家とその周辺

飼い猫が快適かつ安心して暮らせるかどうかには、私たち飼い主とその行動だけでなく、私たちが住んでいる場所も影響する。飼い主の家とその周辺は飼い猫の縄張りとなり、猫にとっては非常に重要だ。完全な室内飼いの猫ならば、猫が暮らしやすい家であることが特に重要だが、たとえ外に出ることが可能な幸運な猫でも、「猫の視点で」あなたの家について考えるのはいろいろな意味で良いことである。

猫は、選択肢があり、決定権が自分にあると感じるのが好きであることがわかっている。実際には飼い猫が使う設備（トイレ用の容器と砂の種類、食べ物、餌の容器や寝床の場所など）の決定権が飼い主にある場合、私たちは、自分にとっての都合の良さではなく、猫の気持ちに立ってこうしたものについてよく考える必要がある。たとえば、餌の皿とトイレを狭い場所に並べて置くのがその一例だ。あるいは猫トイレを、近所に住んでいる外猫が座って覗き込めるような、床から天井までのガラス窓や扉の前に置く——これは猫を非常に不安にさせ、猫は攻撃されるのを恐れて、餌を食べたりトイレを使ったりしたがらなくなる可能性がある。

ほとんどの人は、猫が必要とする物を揃えるのは得意だが、それらをどこに置くかについてはあまり考えない——猫の気持ちになって考えていないからだ。どれを買うか、それをどこに置くかのいずれについても、現実的に考慮しなければならない課題がある。猫の気持ちになって考えれば、あなたの飼い猫が暮らしやすい家をつくるのに役立つ。猫は、リラックスして幸せならば、身の安全や危険について考える必要なしに、その個性をあなたに存分に見せてくれる。家は安心できると同時に、面白くて退屈しない場所でありたい。完全に家の中だけで飼うのであれば、刺激のある環境をつくることが非常に重要である――猫は、第1章でお話ししたように、敏捷な脳の働きと自然な本能のはけ口が必要だからだ。

多くの人が、広々としたオープンな空間があり、物ができるだけ少ない家を好むようになっている。見た目は美しいかもしれないが、猫にとってそれが安心できる空間かと言うとそうとは限らない。また、二匹以上の猫を飼っている場合は、身を隠せる場所があることが猫にとってはとても重要だ。これは必ずしも猫の仲が悪いということではない――仲良しの猫でも、ときには隠れたいこともあるし、人間や猫以外の動物を避けたいこともあるのだ。だが、猫同士の仲が悪ければ、潜り込める場所があることは必須である。さらに、猫が遊ぶときに身を隠せる場所があれば、遊んでいるうちに興奮して遊びが喧嘩に発展するのを防ぐことができる（これについては第8章でさらに詳しく述べる）。

猫は、安全に感じられて、かつ周りで起きていることを見下ろせるところでくつろぐのが好きなので、高い場所が好きだ。寝るときは、棚板の上や家具の上、あるいは単に二階に上がるのを好むことが多い。今では、爪とぎポストも兼ねて、猫が休める平面がいろいろな高さに付いている、素晴らしいキャットタワーが販売されている。中には天井まで届くものもある。他にも、壁に階段状に取り付けて、高いところにあるプラットフォームに上がれるものもある。ただし、二匹以上の猫を飼っている場合は、上り下りをする通り道が二つ以上あって、上に上がった猫が別の猫によって足止めを食らわないようにしなければならない。食器棚の上に上がりたがる猫を飼っている人は、上り下りしやすいように他の家具を配置するとよい。高いところが好きで本棚や飾り棚に上がる猫がいる人は、猫が突然ジャンプしたときに落ちて壊れるようなものは置いておかないようにしよう。

あなたの猫が、狭いところに隠れるのが好きならば、ベッドの下、食器棚やその他の家具の裏など、隠れやすい場所ができるように家具を配置しよう。安全な隠れ場所にいる猫の邪魔はしないこと——ただし、具合が悪くて隠れている心配がある場合は別だが。

もちろん、猫にとってはそこが暖かいことがとても重要なので、あなたの猫は、乾燥機能のついている浴室やボイラー室などが好きかもしれない。とても暖かいフリースの毛布を買ったり、ウールの毛布や羽毛布団を使ったりしてもいいし、ペット用のホットカーペットなども販売されている。猫が人間に買い与えられた寝床で寝るか、と言えば、寝ることもある——特に、猫が気に入る場所に置いて、猫にとって魅力的な寝床をつくってやれば。もちろん、飼い主の匂いがして安心できるので人間のベッドを好む猫も多いが、猫が好きな場所に置いてやりさえすれば、猫用のやわらかなベッドを気に入ることも多い。

猫は日中、家の中のさまざまな場所で寝る——日の当たる場所を追いかけて暖かい場所で寝るのである。だから、猫が好む場所に寝床を置いてやれば喜ぶ。ほとんどの人は、猫が床に置かれた寝床よりも高いところにある寝床を好むことに自然と気がつくだろう。あなたの猫が、人間の近くで寝るのが好きか、離れたところで寝るのが好きかもわかるはずだ。側面が高くなっていたり、出入り口が一か所だけの寝床が好きな猫もいれば、囲みがなくても気にしない猫もいる。

家の中と外の境目

家の中で猫が安全と感じるために一番の問題となるのが、家の中と外の境目であり、その境目を脅かすものの存在だ。猫が求めるのに応じてドアや窓をあなたが開けてやる場合は、猫は家の中では安心していられるだろう。ただし、あなたがドアを開けるのを待たなければならないので、素早く家の中に入りたいとき――特に何かに追われているときなど――は少々問題だが。あなたの猫が家に入ってくるのが、あなたが家にいるときだけだとしたら、あなた自身がドアや窓を開けてやることで、猫はより安心できるだろう。

キャットフラップを使っている人も多く、そうすればその人にとっても猫にとっても楽ではある。ただしキャットフラップは、猫のすみかの安全性という意味では弱点だ――どこの猫でも入ってくることができ、猫はそのことを常に認識しているのでそれが不安の種になる。ご承知のとおり、不安は猫の行動を変化させることがある。猫はそのことで頭がいっぱいで、飼い主とのんびりくつろいだりコミュニケーションをとったりしなくなるのだ。餌がキャットフラップの近くに置いてあれば、頭の良い外猫が日夜問わず入ってきてそれを食べるかもしれない。あなたがそのことに気づかなくても、あなたの猫にはそれがわかり、神経質な猫は、餌のボウルにあなたが餌を入れるとキャットフラップに目をやるかもしれない。最近は、猫に埋め込まれたマイクロチップに反応して開き、他の猫は入れないようになっているキャットフラップも販売されている。

猫は、外で起きていることを窓から眺めるのが大好きで、二階からは自分の縄張りがよく見える。ただし、どこまでが屋内でどこからが屋外かがわかりにくい、床から天井まで一面の窓ガラスは猫を少々混乱させるようだ。猫が安心できるのは、窓枠と気持ちの良い窓台のある小さめの窓である。また床から天井まで全面ガラスの窓やドアは、外に危険そうなものが見えても身を隠す場所がないので、猫は無防備に感じる。庭の、ガラスの向こう側にいるよその猫や犬と顔を突き合わせるのは、本能的に危ないと感じる状況なので、対処の仕方がわからないのだ。

あなたの猫を観察してみよう――床から天井まで全面の窓やガラスのドアの近くにいると不安そうではないだろうか？　ビクビクしながら外を見てはいないだろうか？　不安そうに振る舞ってはいないだろうか？　そういう場合は、ガラス窓の下部がくもりガラスになるようなカバーを貼る（接着剤を使わず、静電気を利用して貼り付けられるものがある）とよいかもしれない。ガラス越しに高い位置から外を眺められ、少なくとも外にいる動物と同じ高さの目線にならない場所をつくってやろう。また窓の前に家具や植物などを置いて、猫がその後ろに隠れられるようにしよう。

餌と水の置き場所

次は食べ物の与え方だ。猫はひげに何かが触れるのがあまり好きではないので、餌を食べながらひげが側面に当たらないだけの幅のある容器を使うとよいだろう。ただし、平らな皿からは餌がこぼれやすく掃除が大変なので、幅が広くて、かつ餌がこぼれにくく、猫が餌を押し付けて食べることができる縁のある容器を使うのが一番の解決策かもしれない。ペルシャ猫やエキゾチック・ショートヘアのように顔が平らな猫種を飼っている場合は、頭の形が顎にも影響して餌を食べるのが下手な可能性があるので、その猫に最も合った餌と容器を見つけるのに試行錯誤が必要かもしれない。傷がつきやすく、猫が好まない匂いがすることがあるプラスチックの容器よりも、陶器やガラスの餌のボウルのほうがいいだろう。

猫の行動学に詳しい人と話すと、猫、特に、完全な室内飼いで、自分の頭と身体を使って獲物を狩ることができない猫には、餌をもらうためには何かをしなければならないようにすることがとても重要だと考えていることがわかる。食べるためには狩りをしなければならない猫は、一日のうち、長ければ六時間ほどを、彼らが必要とする小型の獲物を見つけ、追跡し、捕まえて食べることに費やすのが当たり前である。彼らは一日に、ハツカネズミ（マウス）ほどの大きさなら一〇匹程度を必要とするが、狙った獲物で実際に捕まえることができるのは約三分の一であることから、それにはどれほどの時間とエネルギーが必要かがおわかりと思う。猫はそうするようにできているのだ。動物行動学者は、台所に置いた餌のボウルから一日に二回餌を食べても、こうした自然の行動を再現することにはならず、狩りをすれば自然に味わえるマインドや身体への刺激を受け取ることができないと言う。餌を食べるためには努力したり遊んだりしなければならないようなおもちゃや器具を、つくる、あるいは買って、猫が積極的に餌を求めるようにしよう——これらは「インタラクティブフィーダー ［訳注／フィーダーは自動給餌器のこと」」とか「パズルフィーダー」と呼ばれ、さまざまな製品がインターネット上で手に入る。インターナショナル・キャットケアはこの他にもさまざまなアドバイスをウェブサイトで提供している。

猫には新鮮な水を与える必要があることは誰でも知っており、普通は餌の隣に水のボウルを置く。だが、屋外で餌を探す猫はおそらく、餌と水は別々に摂取する。餌の近くに水が置いてあると、十分に水を飲まない猫もいる（ドライフードを食べている猫は、水分をたっぷり含む缶詰やパウチに入ったウェットフードを食べる猫よりもずっとたくさんの水を飲む必要がある）。猫の行動に詳しい専門家は、餌とは別の場所に水のボウルを置き、多頭飼いの場合は二個以上のボウルを用意するようアドバイスしている。

専門家は、餌用と水用のボウルが二つ並んでいる、よくあるキャットフィーダーの使用は決して勧めない。猫は水の隣に餌があるのを好まないようだし、そういうキャットフィーダーは、餌が水の中に落ちて水が汚れやすい。また、猫は人間よりもはるかに嗅覚が鋭いので、水道水の匂いを嫌がって、一度沸かした水を好むかもしれない。常に水が流れて循環するようになっている自動給水器が大好きな猫もいる。ボウルの選び方については餌のボウルと同様だ。きれいな水が飲めるようにすることが重要で、容器には、飲みやすいように常にたっぷり水を入れておくことも猫にとってはありがたいだろう。

トイレ

単に排泄できる場所があるというだけでなく、砂、容器、置き場所の選択や掃除の仕方も重要だ。室内飼いの猫は、当然猫用トイレが必要である。外に出ることがある飼い猫でも、夜は家の中に入れておく場合や、まだ子猫だったり、あるいは老齢で少々助けが要る場合などには、猫用トイレを用意する人もいる。

猫用トイレは、つまりは蓋のない大型のトレイで、猫がその中で身体の向きを変えられて（推奨される長さは尻尾を含まない猫の体長の一・五倍）、尿や便を隠すのに十分な量の砂が入り、猫が糞尿に砂をかけても砂が周り一面に散らからない程度の大きさのあるものが基本である。子猫や、関節痛のある高齢の猫は、出入りがしやすいようにトレイの側面を低くしてやる必要があるかもしれない。もう少し気を利かせたければ、猫のプライバシーを守り臭いを漏らさないように、蓋がついているものを選ぶといいかもしれない。猫の好みはさまざまだ――プライバシーが尊重されることを好む猫もいれば、狭いところに入るのを嫌がる猫もいる。また、トイレの周りに何があるかも重要である。猫が無防備に感じるような、他の動物や人間が近くにいないだろうか？　同様に、置く場所――人の動きが多い場所や窓の前に置かれているか、あるいはもっと人目につかないところに置かれているか――も重要だ。トイレは餌と水の隣に置かず、この三つはすべて別々の場所に置くようにする。

猫砂選びも大切だ――子猫のときに使っていた砂を問題なく使い続ける猫もいるが、それとは違う砂を選ぶという選択肢もある。猫が徐々に慣れるように、時間をかけて、古い砂に新しい砂を混ぜていこう。猫は、爪がひっかかるので、トイレの内側に敷くポリエチレン製の袋が好きではないようだ。また、猫のためと言うより人間のためにある消臭剤も好きではないと思われる。いずれにしろ、トイレは常に清潔にしておこう。猫にとっては重要なことである。あなたの家やあなたの猫にもよるが、猫用トイレは二か所以上に置くといいだろう——二匹以上飼っているなら、トイレも必ず二個以上必要だ。

爪をとぐ場所

猫は、爪を良い状態に保ち、縄張りに印をつけるために、爪をとぐ必要がある。そのための場所が用意されなければ、猫は家具を引っ搔く。爪とぎ用のポストは、猫が精一杯に立ち上がって爪をとぐことができるよう、できるだけ背が高く、安定しているものがいい。床に置くスペースが限られているならば、壁に爪とぎ用のパネルを取り付けることもできる。なかには水平面で爪をとぐのが好きな猫もいるので、さまざまな種類の爪とぎ場所をつくってやるべきである。

他の猫との同居

ペットとして飼ったり、家の中に招き入れる外猫を何匹までにするかというのは重大な選択だ。私たちは猫が大好きだからこそ多頭飼いをするのだし、猫たちにはみな仲良くしてもらいたいが、残念ながら、猫にとってはそれが家の中でストレスを感じる原因になることがある。自分の家を他の猫と共有するのが好きで、仲良くなる猫もいるが、そのことに不安を感じる猫もいるのである。もっと猫を飼いたいと思ったときにはこの点を慎重に考えるべきだ。自分の家のことをよく考えて、どれくらいのスペースがあるか検証しよう。それぞれの猫が自分のスペースを持てるだけの広さはあるだろうか？　猫同士の奪い合いにならないように、すべての猫に必要なものが十分に揃っているだろうか？　忘れてはならないのは、猫には自分の縄張りを護るという強い本能があり、新しい猫を飼うことで、それまではリラックスしていた猫がその猫と対立する可能性がある、ということだ。飼い猫を増やすと決めたら、慎重に、かつゆっくり時間をかけてそうしなければならない（インターナショナル・キャットケアのウェブサイトを参照のこと）。うまくいくこともあるが、そのためには根気が必要だし、猫の性格によるところも大きい。

他の外猫

自分以外の猫が家の近くや庭に住んでいたり、家の中に入ってきたりすることさえあると、猫の安心感やストレスに影響し、それが飼い主との関係にも影響を与えることがある。何年も前のことだが、我が家では、なかなか元気の良い、灰色と淡いオレンジ色の混ざったさび猫の子猫を飼っていたことがある。その猫を飼い始めてからおよそ一年後、二匹のメスのシャム猫が我が家にやってきた。新入りの子猫たちはさび猫のペルーを怖がっていたが、二匹が成長して大きくなると、若干ペルーにやり返すようになった。するとペルーは、近所の小屋に引っ越すことにした——二匹のシャム猫が、ペルーにいじめられる前に先手を打つことを覚えると、家の中の暮らしはペルーにとって安心できるものではなくなったからだ。私たちはその後もペルーに餌をやり続けた――家に戻って餌を食べ、引っ越し先の小屋でリラックスできるように。面白いことに、私たちが小屋に行くとペルーはものすごく人なつこくて、喉をゴロゴロ鳴らしたり地面でくねくねと身体をくねらせたりするのだが、餌を食べに家に来て、シャム猫たちに出くわす危険があるときにペルーを撫でようとすると、トゲトゲした態度で触らせてくれようとしなかった。それはまるで二匹の別々の猫のようだった。

何年も前に、猫には「攻撃野」があるという仮説について読んだことがある。猫がくつろいでいて、何かに脅威を感じたりストレスを感じたりしていないときは、攻撃野はその猫の身体よりも小さく、私たちが触ったり撫でたりしても問題ない。ところが、猫がストレスを感じていると、攻撃野は猫を囲む数メートルの範囲まで拡大する。攻撃野に侵入するものは何であれ、猫に攻撃される可能性があるし、威嚇するような猫の行動を引き起こすのは必至である。おそらくこれは、動物の「フライトゾーン」と呼ばれるものに似ている――動物の周囲にあり、脅威を感じる何者かに侵入されるとその動物が逃避行動を起こす領域のことだ。フライトゾーンの大きさは、その動物がどこまでのリスクを積極的に負うかによって変わり、猫が認識する危険度が高くなるほど大きくなる。異なった環境下では、同じ猫が同じ人間に対して異なった行動をとる、という良い例だ。

猫に優しい庭

猫が喜ぶ環境をつくってやれるのは室内に限らない。室内飼いの場合と同様、猫は庭にいるときも身を隠す場所があるのを好むので、だだっ広くて、植物その他、身を隠せるところがない場所は気に入らない。外にいると緊張する猫は、隠れる場所がなくて不安なのかもしれない。庭いじりが好きな人にとってこれは、猫が探検したり休んだりするのに使えるように、生け垣をつくったり、鉢植えを置いたり、腰掛ける場所やアート作品を置く場所をつくったりする口実になる。猫は、高いところに上るのが好きで、上から下を見下ろしたり、高いところを歩いたり、日向ぼっこをするのが好きであることを覚えておこう。近頃は多くの人が庭を塀で囲んで、猫が道路に出ないようにし、同時に新鮮な空気と、虫、小動物、風に揺れる葉など、庭にあるさまざまな興味深いものを楽しめるようにしている。

猫の匂いを保持する

私たちは自分の家のことを熟知しており、部屋の配置やどこに何があるかがわかっている。これは主に視覚に基づいたものだ。だが、ご承知のように猫は匂いにとても敏感で、嗅覚が非常に鋭い。猫は、人間が自分の家を視覚的に認識するのと同じくらいしっかりと、家の様子を匂いで覚えているのである。

猫がどれほど一生懸命に自分の匂いで周囲をマーキングし、知らない匂いに反応するか、私たちは知っている。神経質だったり怖がりだったりして、変化に対応するのが苦手な猫は特にそうだ。大事なところのすべてに自分がよく知っている匂いがついていれば、猫は安心してリラックスする。私たちが家の中で、匂いの強い化学薬品や香りつきの製品を大量に使っていることを認識し、また猫の寝床やお気に入りの休憩場所をあまり頻繁に洗わないようにすれば、猫が安全だと感じられる匂いのする場所がなくならずに済む。家庭用品の広告は、家の中を超清潔でフレッシュな香りに保つよう人びとに勧めるが、これは猫にとっては嬉しいことではないし、こうした広告にあまり厳密に従わない言い訳にもなる。猫は、リラックスしていたほうが、人間とのコミュニケーションが増えることが期待できるのだ。

人間が猫のためにする選択

室内飼いか、外飼いか

外に出ることがなく、家の中だけで飼われている猫は、屋外で暮らすことで得られる経験ができない。もちろん、猫を家の中だけで飼う理由は、たとえば外が危険だったり、外に出せるスペースがまったくなかったり、猫が危ない目に遭うのを飼い主が怖がって外に出さなかったりするケースも含めていろいろある。室内で飼われている猫のなかには、その状況に適応することができず、さまざまな肉体的、感情的問題に苦しむものもいる——それらは、退屈さや、猫を駆り立てる驚異的な感覚器官を使う機会がないこと、またそれに対する欲求不満によるものかもしれない。そういう猫は、刺激不足を補うために、寝たりグルーミングしたり餌を食べたりする時間が増える。室内飼いの猫には、あまり動かないライフスタイルに伴う健康問題が発生しやすい——たとえば尿路の病気や過度なグルーミング、そして摂食障害などだ。可能であれば、庭の一部やベランダなどをフェンスで囲んで、いくらかでも猫を外に出してやるといい。

予測可能性

私たちが猫の生活をどれくらい予測可能なものにするか、ということも猫に影響を与える。人間と同様に、予測可能な生活が大好きな猫もいれば大嫌いな猫もいるが、前述したように、猫は自分が状況をコントロールできるのが好きで、何が起こっているかを知りたがる。生活や彼らのすることにある決まったパターンがあって、次に何が起こるかがわかることで生きやすくなる猫もいる——神経質な猫ならなおさらだ。人間と暮らす猫は往々にして、自分が求めているものを私たちに伝え、彼らなりのコミュニケーションの方法を使って、私たちが彼らの役に立つように私たちを操るのである。

身体的な健康と精神的な健康

猫の生活の質を高めるために私たちにできる最大の貢献のひとつは、彼らを病気から護り、病気になったときには助けてやる、ということだ。ワクチンを接種することで猫を病気から護れるようになってから、まだ約五〇年しか経っておらず、それ以前は、猫の健康を脅かす病気や問題についてはほとんど情報がなかった。飼っている猫の健康を護るためにすることは、私たちが自分自身を健康に保つためにすることと違わない——健康的な食事、病気から護るための予防ケア、病気になったら素早く対応すること、そして、猫に優しい動物病院で優秀な獣医にかかること。猫は病気や痛みの症状を隠すのが非常に得意で、猫の健康管理は難しい（これについては第5章でも取り上げる）が、表に表れた症状は見落とさないことだ。猫の気持ちや、長期にわたるストレスや不安感を抱えているかどうかが猫の健康に影響を与え、健康かどうかはその猫が幸せかどうかを左右するということがわかっているので、あなたの猫が何を感じているかを理解することが大切だ。具合が悪いせいでおとなしかったり、どこかに隠れたり、触られるのを嫌がったりするようなことがあれば、私たちと猫の関係に大きく影響するからだ。

猫に近づくには

私たちは猫を可愛がるのが大好きで、抱きしめたがる人が多い。猫によって、そうされることが好きな子もいれば、嫌々ながら我慢する子もいるし、まったく寄せ付けない子もいる。例によって、それをどこまで歓迎するかは猫によってそれぞれ違うのだ。

昔から、猫の世話をするのは男性よりも女性が多い。だが、猫が見知らぬ人にどのように近づくかについて調べたところ、猫は、老若男女関係なく同じように近づいた。違っていたのは人間の反応のほうだった――成人男性が普通に腰掛けた姿勢で猫に反応するのに対し、成人女性、男の子と女の子は猫と同じ高さになるように身を低くしたのだ。そして、おそらく想像がつくと思うが、子どもは猫に触りたい気持ちを抑えることができず、特に男の子はより積極的で、逃げようとする猫を追いかけた一方、成人は猫のほうから近づいてくるのを待った。女性はより遠くから猫とコミュニケーションをとろうとし、近づいてくる猫に話しかけ、十分に近くまで来ると、男性よりも多く猫を撫でた。猫はその言葉に反応し、喜んでコミュニケーションをとった。また別の研究では、猫が人間とコミュニケーションをとりたがるときに人間がそれに応えてやると、今度は、その人がその猫に触りたいときに応じてくれることもわかった。互いに相手に反応し合うポジティブな関係ができるのだ。そのためにはおそらく、そもそも猫が人間とのコミュニケーションを好きであることが必要だ――いわゆる人なつこい猫である。他に研究からわかっていることはあるだろうか？　家族がいる家庭、あるいは多数の人間と暮らしている猫は、単身家庭で飼われている猫と比べ、一人ひとりに対してあまり注意を注がない。もっともなことだ。同様に、一匹で飼われている猫は、多頭飼いの猫よりも、人間と触れ合う時間が長い。これも当たり前だ。そして、猫を一匹だけ飼っている人は、多頭飼いの場合よりも、その猫の欠点に寛容である。これもまた理解できる――世話をする猫が多いだけでなく、猫が複数いると猫同士の争いが起きることが多いので、飼い主にとっては問題がますます増えるのだ。

猫が普段と違う行動をとるのは、何かいつもと違うことが起きたときだ。たとえば他の猫が縄張りに入ってきたり、何か他に脅威に感じることや変化が起きたり、どこかが痛かったりする場合である。そういうときに目を光らせて、何が猫の行動の変化の原因なのかを突き止めるのは、その猫の面倒を見ている人間の仕事だ。猫は、人間が「問題行動」と呼ぶ行動をとることがあるが、これは実際には、感じている脅威やストレスに対処するために、猫にとっては自然な行動をとっている、と言うほうが正しい。それが問題なのは、そういう行動が、人間にとって不都合な形や場所で起こるからだ。たとえば、家の中で排尿したり、人間を追い払うような、攻撃的ともとれる行動をとったりする場合である。

先にも言及した私の友人、ヴィッキー・ホールズは、『Cat Confidential』『Cat Detective』、そして『Cat Counsellor』というベストセラーを書いており、二〇年以上にわたって猫の行動カウンセラーをしていた間に解決した事例や驚くようなエピソードを紹介している。彼女は現在、インターナショナル・キャットケアのスタッフとして、飼い主のいない猫に対する最良の処遇方法を、そのライフスタイルにしたがって考えたり、保護猫シェルターにいる猫たちのニーズを理解することによって、どんな世話の仕方が彼らにとって一番良いか、どんな里親が向いているのかを考えたりする仕事をしている。猫、そして猫にとっての幸せに関する私の考え方を形づくったのは、長年にわたるヴィッキーとの会話だ──私たちはいろいろなことについて議論し、自分たちが考えていることについて「でもそれはなぜ？」と問い、猫を理解し猫の助けとなるための実用的な方法を開発するために研究がどのように役立つかを検討してきた。そしてずいぶん時間が経った今も、猫についてはまだまだ知らないことだらけであることを、ヴィッキーも私も承知している。

だが、あなたがいったん猫を飼い始め、去勢処置を施し、あなたの家が猫にとって安全な場所になり、猫との日常がルーティン化してくると、あなたの猫がさまざまなことをどんなふうに行うかがわかってくる。それはまた、あなたがあなたの猫とどのようにコミュニケーションをとるかによっても変わってくる──あなたは、抱き上げるために猫を追いかけるだろうか、それとも猫が自分から近づいて自分のニーズをあなたに知らせるのを待つだろうか？

3 あなたの猫の性格を知る

人は、猫を犬と競争させ、どちらのほうが賢いかと問うのが大好きだ。猫には知性があるのか？　必要とあらば単独で生きられる猫のほうが犬よりも賢いのか、それとも、猫は人間の命令に従わず言うことをきかないのだから犬よりも頭が悪いと考えるべきなのか？　知性とは、知的技能や知識を足し合わせたもののことか、それとも、新しいことを学んだり物事を見分けたりできる能力のことだろうか？もしかするとそれは、変化する環境に適応する能力のことなのかもしれない。もしも知性が適応能力の高低で測られるとすれば、猫はナンバーワンである。種としての猫は、ほぼあらゆる環境で生存できる——砂漠でも、ジャングルでも、極寒地ですら生きられるのだ。

猫は非常に順応性が高く、経験から素早く学ぶ。子猫はいろいろなことを迅速に学ばなくてはならない——なぜなら、前述したように、母猫が子猫の面倒を見る期間は比較的短いからだ。子猫は数か月のうちに、目も見えず耳も聞こえない生まれたての状態から、獲物を襲って捕らえることができるようにならなければならない。母猫はその頃には再び妊娠して次の子猫を産んでいるからだ。子猫は好奇心旺盛に、危険なことに注意しながら、見たり（母猫の助けを借りて）経験したりすることから学ばなくてはならないのだ。子猫はフニャフニャでか弱く見えるかもしれないが、生き残れる子猫は逞しく、あっという間に状況に適応する。幼いときには母親が助けるが、成長すれば猫は単独で狩りをするようになり、誰の助けも借りずに食べ物を調達して生き残るのだ。もちろん、自然のなかで生きている猫のなかには、試練に勝てずに死んでしまうものも残念ながら多い。

猫の行動の動機——猫の感情を垣間見る

猫は感情的な生き物だ。感情とはつまり、生き残るための試練を乗り越えるのに必要な反応を引き起こす「気持ち」のことであり、日常生活のなかで直面する困難から学び、反応するために欠かせないものである。

猫は集団で暮らす動物ではなく、健康に生きるために他の猫が近くにいる必要はない（もちろん子猫の間を除く）。ただし猫は、いわゆる「社会的柔軟性」を持ち、家で猫を飼っていればわかるように、適切な状況であれば他の猫や動物たちと仲良くなることもできる。

ここまで、猫が身の回りの世界をどのように知覚し、生きていくうえでの試練に対応するためにどんな行動がとれるかを見てきた。生きるために狩りをすること、生殖のために意思疎通すること、縄張りを護ること——それらはすべて生き残りのための行動だ。

猫は、前述した感覚器官を用いて周囲の世界を認識し、その情報をどのように使うかを決める――それは思考を必要としない反射行動であることもあるし、経験から学んだことに基づいて、熟慮してから反応することもある。反応の仕方はさまざまな要因によって異なるが、行動の動機となるのは感情だ。人間と違って猫は、自分の行動や思考、態度、動機、欲求について考えたり、思案したり、評価したり、真剣に考慮したりはしないが、彼らの感情は、彼らがある状況のなかでどのように行動し変化するかに影響を与える。

感情とは、幸せ、愛情、恐れ、怒り、欲求不満、憎悪といった気持ちのことで、自分が置かれた状況や一緒にいる人などによって引き起こされる。感情は、泣いたり笑ったりといった行動と関係があると思うかもしれないが、感情はまた、自分が好きなことをしたり、何らかの形で自分が報いられる行動とも結びついている。その行動とは、食べ物や水や暖かい場所を探す、といった基本的なことであることもある。つまり、私たちは飼い猫に感情があると思わないかもしれないが、実際には、猫も私たちと同じ感情を一部共有しているし、それらを理解すれば、猫が何を感じているのか、何が彼らの特定の行動の原因となっているのかを知る助けになる。ただし、猫と人間をあまりぴったりと重ね合わせすぎてはいけない――単に猫を擬人化すれば、解釈を完全に誤ることもあり得るからだ。

たとえば、猫には狩りをするという強い本能があり、猫の好奇心につながっている。狩りをするということはおそらく猫にとっては報奨であり快感なのだ。また、生殖の動機にも強い感情が伴っている――だからこそ猫は、交尾相手を惹き寄せるような行動をとり、その猫と交尾して次なる世代の猫をこの世に送り出すのだ。

子猫を産んだメス猫は、その面倒を見るという強い意欲を見せる。子猫、ときには他の猫や種の違う動物の世話をする（たとえばグルーミングをするなど）のは、ある感情に対する反応だと考えられている。子猫は、母猫から引き離されると、パニックという感情を引き起こし、極度の不安を表現する声で鳴く。そしてその声に突き動かされて母猫は子猫を探し、安全なところに連れ戻すのである。

同腹の子猫たちと遊ぶことで、子猫は自分以外の猫との接し方を覚え、また狩りの仕方を身につける。大人になった猫は、犬や人間のような社会性動物とは違って、生きるために他の猫と交流を持つ必要はないし単独で健康に生きていけるが、それでも遊びという経験を楽しむことはある。

自分を脅かすものや危険に思われるもののことが心配だったり怖かったりする気持ちは誰でもわかるはずだ。それは身体が感じる急激で強い動揺から、不安あるいは心配などのもっと弱い感情までさまざまで、そういう感情は、猫が危険な存在や危害から身を避ける理由となる。痛みという経験は、感情のカテゴリーで言えば恐れに含まれる――なぜなら、身体がダメージを受けていれば痛みは身体を護り、それ以上のダメージを防ぐからだ。また、慢性的な痛みは気持ちを落ち込ませ、他のことをしたいという欲求を殺してしまうこともわかっている。

欲求不満が感情のひとつとされるのは興味深いが、考えてみればそれは、猫がしたいことをしたり行きたいところに行ったりするのを妨げている障害を乗り越えようとするための強い動機となる。欲求不満は猫に、もっと頑張ろうという気を起こさせ、彼らの選択――それによって欲しいものを手に入れられるかどうか――にも影響する。猫はまた、怖いと感じるものから逃げたいのにそれができないときにも欲求不満を感じる。こうしたさまざまな感情は、同時に起きることもあるし、相反するものであることもある。たとえば、食べ物が欲しいが、危険に感じるものが途中にあって食べ物のところに行けない、といった場合である。

性格とは何か？

猫が良いペットになり得ること、そしてそのためには子猫のときにどういった育ち方をしたかが非常に重要である、ということは前述した。では、猫の性格についてはどうだろう？　猫の性格とは、思考、感情、行動の仕方における個体差のことである。二匹以上の猫を飼ったことがある人なら、そのそれぞれが非常に異なった性格の持ち主であることはよくご存じだし、それぞれの、他の猫と違う点、癖、好みを説明できるだろう。「個性」「性格」「気性」といった言葉はどれも、ある猫と他の猫を差別化し、その猫特有の「スタイル」を生む独特の振る舞いのことを指している。性格の研究が容易ではないことはおわかりのことと思う――研究者は、ある猫の「性格」を構成するさまざまな要因を定義しなければならない。たとえば、人なつこさ、好奇心、神経質さの度合い、興奮しやすさ、大胆さ、よく鳴くかどうか、活発さ、コミュニケーションがとりやすいかどうか等々だ。そしてそれら全部を融合させたものが猫の性格になるのである。

大胆さというのは、人の性格を形容する際に頻繁に使う言葉ではないが、猫の性格を表現するのには役立つ。大胆さを「進んで危険を冒し、斬新な行動をとること。自信、または勇気」と定義すると、猫の場合、何か新しいものに対して、それを避けるか、それともそれに挑戦し、探索するか、という違いかもしれない。興味深いことに、子猫の時期に人とのコミュニケーションがあまりとれなかったにもかかわらず、ある種の関係を人間と持てるようになる猫もなかにはいる。そういう性格の猫は、知らない人にでも近づけるようになるが、それと「人なつこさ」はおそらくちょっと違う。そういう猫はもしかすると、大胆で、人間の近くにいることの恩恵に与るために、怖いという気持ちを乗り越えるのかもしれない——必ずしもたくさんの人間とコミュニケーションをとりたいわけではないが、自分のニーズに応えてくれる飼い主には近づく方法を見つけるのだ。大胆さと、子猫のときの良い経験からくる自信、そして人なつこい遺伝子が揃えば、周囲で起きているすべてのことに首を突っ込みたがり、人間の周りで自信たっぷりのポジティブな性格を披露する、類いまれな猫が誕生するのである。

性格についての研究は、物事の好みや好き嫌いについて直接質問し、その考え方について掘り下げることができる人間が対象であってさえ十分に難しい。もちろん、猫の性格について研究する際には、研究者の存在が猫の行動に影響を与えるので、それを相殺する賢いやり方を考える必要がある。同じことが、私たち飼い主についても言える——飼い主もまた猫の行動や振る舞いに影響を与え、それが今度は、自分の猫に対する態度に影響するのである。気性や性格は、ある猫は異なった状況においても似た反応を示す、という意味では「固定した」ものであると考えられはするものの、猫がある状況に対してどのように対応するかは、年齢、健康状態、置かれた環境などに影響される。その一例は、あなたの猫が、あなたに対しては安心して接するが知らない人がいると緊張する、という場合だ。ひとつ明らかなことは、猫の性格とは、遺伝子と経験——特に子猫時代の経験——の複雑な相互関係によってつくられるものだということだ。

猫の個性

猫にそれぞれ個性があることは、科学の世界では一九六〇年代から知られていた。先述したように、先ごろ私は、猫とその行動に関する研究の先駆者の一人であるデニス・ターナー博士にお会いした。博士の著作のなかに、パトリック・ベイトソンとの共著である『The Domestic Cat: The Biology of its Behaviour』という本がある。博士が講演のなかでさりげなく言った「猫はすべての動物のなかで最も個々の個性が強い動物」という言葉に、私は非常に興味を持った。私は博士に、その点についてもっと詳しく聞かせてくれと頼んだ——それは、猫が他の動物よりも個々に異なる行動をとる、という意味なのか？　博士は、猫の行動について研究する際には、個体差を考慮し、それに合わせて実験の結果を是正しなければならないのだと説明した。他の動物の研究でそのようなことをする必要があるというのは聞いたことがないというのである。自分の猫はそれぞれ本当に個性的だ、と感じている私たち猫愛好家にとって、こうした科学的裏付けを耳にするのはとても嬉しいことだ。

育種と遺伝子の影響

遺伝子について、またそれが猫の行動にどのように影響するかについて考える際は、純血種の猫について考えてみることがヒントになるだろう。純血種の猫と雑種の猫の行動に、明らかな違いはあるだろうか？　そして、犬の場合と同じように、猫種が異なれば行動の仕方も異なるだろうか？　長い歳月にわたる人間との付き合いのなかで、犬は、番犬として、牧羊犬として、猟犬として、ときには闘犬用の犬として、ある特化された仕事をさせるべく育種されてきた。彼らにはそうした仕事をうまくこなすことが期待され、仕事が下手だったり期待通りでなかったりすれば、その子どもを産ませることはおそらくなかっただろう。あるいは、人間のコンパニオンとしての役割が与えられた犬種もあり、そういう犬は大抵、とても人なつこくて、人間本位の行動をとるのが特徴だ。

もちろん、犬は人間と暮らすのに非常に適している――なぜなら、社会的構造が人間のそれと似ていて、私たち人間の「集団（群れ）」に馴染みやすいからだ。あるいは、人間が彼らの群れに馴染むと言うべきかもしれない。ところが猫は、単独で狩りをする動物の子孫として、階層型の構造を持たずに発達してきたため、たとえ社会的集団として暮らしている場合でさえ、犬が生来持っているような協調性を持ち合わせない。猫は数千年の昔から人間とともに暮らしているが、大抵の場合、自分のやり方にしたがって生きているし、特定の仕事をこなすことを期待されたりもしない。農場に棲みついて自分の裁量で生き、たまに牛乳のおこぼれや食べ物の残りに運良くありつくのがせいぜいだった昔の猫は、特に何らかの理由である個体が選ばれるとしたら、それは狩りが得意で保管された食料を害獣から護る能力によるもので、やがて齧歯動物の数を抑えるために使われるようになった。したがって、世界中のほとんどの猫は、自分の周りにいる猫と無作為に交尾する。猫の身体の大きさは驚くほどに一様で、自分で自分の面倒を見、狩りのための俊敏さや意欲も失っていない。自然淘汰という観点で見ると、狩りが上手な母猫から生まれた子猫は、そういう需要がある状況では一番求められただろうし、農場の人も残飯をやるなどしてある程度そういう猫を助けようとしたかもしれない。あるいは逆に、狩りをする意欲が弱まらないよう、餌をやることはなかったかもしれないが。

私たちは、猫が「家畜化された」という話をするが、猫は実は家畜化などされていないと考える人も多い。家畜化された動物というのは、人間に飼いならされ、使役動物として、食物として、あるいはペットとして人間が飼うために選択的に繁殖された動物のことであって、野生の世界にいる祖先とは違う。私たちが知る純血種の猫は、選ばれたつがいから繁殖する。本当の意味で家畜化された動物、たとえばウシやヒツジを、人間が求める特定の特徴を発達あるいは永続させるために、選択的に選んだ相手と交尾させるのと同様である。純血種の猫は、類似した少数の猫の集団のなかから選ばれたオスとメスを、厳密に管理された方法で交尾させてつくる。それによって、身体の大きさや形、毛の長さや色（毛の有無を含めて）といった「外見」が決まる——そしてそれはもしかすると、行動の仕方にも影響するのかもしれない。もちろん、どの個体に子猫を産ませるかを選択することが可能なら、ブリーダーは人になつきやすい猫から選ぶことができるし、純血種の猫の多くが、純血種でない猫と比べてより人間中心の暮らしに馴染みやすいのは間違いない。そういう猫を選んで繁殖させるということを何世代も続ければ、遺伝子に影響を与え、その性質を維持することができる。こうすることによって、また子猫のうちに人間に触れる機会を最大限にして人間との暮らしを経験させることによって、人間といるのをストレスと感じない飼い猫に育つために幸先の良いスタートを切らせてやることができるのだ。

ただし、興味深いことに一部の猫種は、あまりにも人間がその生活の中心になりすぎて、雑種の猫には通常起こらない問題が起きることがある——分離不安である。独立性が強い、というのは猫の特徴として世界中で認識されているが、これはもしかすると、雑種の猫というのは往々にして、外に出ることができるメスの飼い猫が発情期に外に出て、去勢処置をしていないオスの野良猫に見つかった結果生まれるからなのかもしれない。そのオス猫は、自力で(かつ捕まって去勢処置をされずに)生きているため、危険なことを敏感に感じ取ると同時に、交尾相手を見つける大胆さも持ち合わせているのだ。

雑種の猫は、野生の原種よりも人なつこいのは間違いないが、独立性は大いに保っているし、必要ならば人間の手を借りずに、生来の狩猟・生存行動に戻って生きていくことができる。私の場合、ほとんどの猫は完全に人間に飼いならされてはいない、と考えたがる部分もあるが、その考え方が少々変化したのが、猫の獣医の会議に出席するためにモスクワからプラハに飛んだときだった。その機上、私の向かいの席に、ファスナー式のキャリーバッグを持っている女性が座っており、もちろん私はすぐにそのことに気がついた。私は、我が家の猫たちを飛行機に乗せたらどう思うだろうと考えた。喜びはしないし、かなり怖がるだろう。そのキャリーバッグの中からは猫の小さな鳴き声が聞こえ、女性がファスナーを開け始めるのを見ながら私は、私の猫だったら必死で逃げようとするし、どこか飛行機の隅の、人がアクセスできない狭い場所を見つけて入り込み、大きな事件を引き起こす可能性が高いだろうと思った。そのキャリーバッグから現れた猫はスフィンクスだった。ほとんど体毛がない猫種である。その女性は膝の上に膝掛けを置き、猫をその上に抱き上げて、上から別の小さな毛布を猫にかけた。猫は丸くなって眠ったようだった――じっとして、それが、心地良いからなのか、それとも怖いからなのかはわからなかったが、逃げたり隠れたりしようとはしない。私がトイレはどうするのだろうとかいろいろ思い巡らせていたそのとき、女性は猫の尻尾の下側を撫で、ティッシュペーパーで尿を拭き取っているらしいのが見えた。そんな状況で排尿するように猫を躾けたのだろうか？　それはすべてひっそりと行われ、誰も気づかなかったが、もちろん私だけは非常に興味をそそられた。目的地に飛行機が着くと、女性は猫をキャリーバッグに戻して飛行機を降りた。私は咄嗟に、完全に「人間に飼いならされた」猫も今では存在するのかもしれない、と考えた。それが嬉しいかと言えば、私は嬉しくなかった。私は、私の猫たちにはもっと自然に振る舞ってほしいし、人間の言いなりにならず、独立した存在でいてほしい。だが問題は、機上の猫は実際にリラックスしていて、飼い主や、飼い主が自分に押し付けた状況に対してストレスを感じていなかったのかどうか、である。猫がご機嫌だったのならば、それは良いことだ。

猫種を一覧にしたものの多くは、さまざまな猫種のそれぞれの性格について熱弁を振るっている。だが、猫の性格は単に遺伝子のみで決まるのではなく、子猫時代の経験にもよるし、ほとんどの場合、個体ごとの違いが、いわゆる猫種による性格の違いと同じくらいに大きいのである。

シャム猫はおそらくおしゃべりでうるさいし、ペルシャ猫は無口でおとなしい、というように、猫種ごとの性格の違いとして認められている特徴もなくはない。もちろんなかには、どうしても飼い主に手入れをしてもらわなければならない猫種もある――たとえば長毛種のペルシャ猫は、体毛（特に下毛が密集して生えている）が絡まるのを自分で防ぐことができないし、反対にスフィンクス（事実上、体毛がないに等しい）は、本来なら体毛を包むための脂質が皮膚に残ってしまうのを洗浄してきれいにしなければならず、日焼けを防ぐ必要もあるし、寒さにも耐えられない。

わかっているのは、一般的に、同じ猫種のなかに見られる個体ごとの行動の違いのほうが、猫種による違いよりも大きいということだ――猫はやはり個性が強いのである。

クローニングから学んだこと

二〇〇〇年代の初頭、動物のクローン作成技術（ある動物の個体の遺伝子をコピーして、遺伝子的にほぼ同一の、二つ目の個体をつくること）が飛躍的に進歩した。最初の成功例はヒツジのドリーだった。数匹のクローン猫もつくられた。Copycat の略とも Carbon Copy の略ともとれるCCと名付けられた猫は、レインボウという名の三毛猫の細胞からつくられたクローンだった。ところが、一匹だけ誕生したCCは茶色と白のぶち猫で、遺伝子の提供元とは異なった外見をしていた。猫の体毛の模様には、胎児が成長する過程で起きる無作為の出来事が一部影響するからだ。それにもちろん、猫の性格がどのようにして発達するかを考えると、どんな猫にとっても、生後すぐの二か月間の経験が非常に重要である。もしも二匹の猫がその時期にそれぞれ異なった経験をしたとしたら、性格は同じになるだろうか？　ある報告によれば、CCと遺伝子の提供元は性格が異なり、CCが恥ずかしがり屋で臆病なのに対し、遺伝子を提供した猫は遊び好きで好奇心が強かった。生後すぐの数週間、CCが、彼女の健康状態と成長具合に関心を持つ大勢の科学者に囲まれていたであろうことは想像に難くない。それはおそらく、静かなペットホームで生まれ育つ子猫の生活とはずいぶん違うものであったことだろう。

これまで、さまざまな動物がさまざまな理由でクローニングされてきたが、猫については、死んだ飼い猫の複製を欲しがった飼い主のために数匹のクローンがつくられている。だがその結果を見ると、そのためにかかる費用にはそれだけの価値はないかもしれない――クローニングされた猫は、見た目も性格も同じではないかもしれないのだから。そもそも私たちは本当に、それまで飼っていた猫と完全に同一の猫が欲しいだろうか？　ほとんどの人は、猫の個性が好きである。その猫に特有で、それらが一体となると他の猫と区別できる、行動や、そのやり方が好きなのだ。ひょっとすると、猫は一匹一匹が完結した特別な存在であることを認め、別の、前の猫とは違う猫を飼って、その猫に固有の性格と個性を大事にしたほうがいいのではないだろうか。

猫の毛色は性格に影響するか？

毛色が行動に影響を与えるかどうかの研究も行われており、いくつかの仮説が生まれているが、同時に、まことしやかな都市伝説もいろいろある。毛色についての逸話はたくさんあり、そのほとんどはさび猫と茶トラ猫にまつわるものだ。さび猫は「行儀が悪く」、そんな気分ではないときには人に触られることをあまり好まず、他の猫に不寛容で、特に他の猫が自分の縄張りに侵入するのを許さない、と考えられている。一方、茶トラ猫は他の猫種よりも人なつこいし、黒猫は集団での暮らしや都会での生活に耐えやすく、白猫は人見知りでおとなしい、と考えられている。こうした研究は続いている。

だが、毛の色というのは実に興味深いものだ。毛色を決める遺伝子はX染色体にある。オス猫にはX染色体とY染色体が一個ずつあるが、メス猫にはX染色体が二個ある。遺伝子には、赤茶色と黒という、相互排他的な二つのアレル（対立遺伝子）がある——つまり、ひとつの遺伝子に赤茶色と黒のアレルが同時に存在することはない。子猫は、アレルの片方を母猫から、もう片方を父猫からもらい、それが組み合わさってその子猫の毛色が決まる。あるメス猫（二個のX染色体を持つ）が、遺伝子のひとつに赤茶色のアレルを、別の遺伝子には黒のアレルを持っていれば、その猫はさび猫である。猫全体で見ると、黒猫の遺伝子を持つ個体数が多いので、毛色に関係する遺伝子があるX染色体を一個しか持たないオス猫は、そのひとつだけのアレルによって、茶トラ猫か黒猫になる。茶トラ猫が生まれるためには、母猫が茶色のアレルを二つ持っているか、父猫のX染色体に茶色のアレルがひとつあるかのどちらかでなければならないので、茶トラ猫にはメスよりもオスが多い。それと同じ理由で、正常に遺伝子を受け継いで生まれたオス猫はさび猫ではあり得ない。まれにオスのさび猫がいることもあるが、彼らは、たとえばXXYのように少々変わった遺伝子パターンを受け継いでおり、そういう猫が生まれる可能性はおそらく一パーセント未満である。またオスのさび猫は通常、子孫をつくれない。

だがもちろん、猫には、茶トラ、黒猫、さび猫以外の毛色もある。いったいどうしてそうなったのか？　実は、「希釈遺伝子」と呼ばれるものがあって、それが毛色をより明るくし、灰色や青っぽい毛色をつくるのである。同様に、茶色がもっと薄くなると、クリーム色や黄色っぽい毛色になる。

では、白猫はどうやって生まれるのだろう？　白猫には、「マスキング遺伝子（遮蔽遺伝子）」と呼ばれる、他の遺伝子よりも優位な特別の遺伝子があり、それによって毛色が白くなる。また、白い模様をつくる遺伝子もあって、足先だけが白かったり、私たちが大好きな白い胸、または胸の白い斑点をつくったりする。身体の模様を決める遺伝子はこれとは別にあって、それによってトラ猫のパターンができたりアグーチ（毛の一本一本が縞模様になっている、ウサギなどによく見られる自然の毛色で、たとえばアビシニアンがこの例）になったりする。白い毛色の猫はまた、眼が碧い場合、聴覚に障害があることが多く、耳が聴こえる猫とは行動の仕方が異なる。

シャム猫をはじめ、四肢、あるいはその先端の毛色がそれ以外の部分と違う猫種はどうやってできるのか？　これらの猫種は、被毛の色を決める、温度に敏感な酵素を持っている。この酵素は、体温の低いところ——耳、顔、足先、尻尾など、身体の中央部より温度が低い先端部——でのみ働いて、色素をつくるのである。これは、シャム猫に、毛を剃る必要がある手術を行ったときにもわかる。術後初めに生えてくる毛は、その部分の皮膚の温度が低いので色がかなり濃いことがあるのだ。毛を剃った部分に毛が生え揃い、最初に生えた毛が抜け替わると、再び明るい色になる。

毛色と性格の関係について行われた調査がいくつかある。ひとつはオンラインで行われたアンケート調査で、猫を飼っている人に、それが毛色と猫の行動の関係に関する調査であることがわからないように、飼い猫についてさまざまな質問をした。寄せられた回答によると、人間に対して攻撃的に振る舞う頻度がより高いのは、さび猫、黒と白のぶち猫、灰色の猫、そして白猫だった。また触られてより攻撃的になるのは、オス猫よりもメス猫だった。だが、さらに詳しく見ていくと、「攻撃的」である行動は実際には少なく、飼い主の思い込みが影響している可能性がある——なぜなら飼い主が、さび猫は性格がきつい、といった誤った通念をすでに耳にしていた可能性があるからだ。また、動物行動学者たちは「攻撃的」という言葉を使いたがらないということも覚えておこう——この言葉は、「挑発されることなしに攻撃する」という意味に聞こえるからだ。

メス猫のほうがより攻撃的、という結果は興味深いが、もちろんこれは単に、メス猫のほうが怖がりで、人に触られるのが嫌いだということである可能性もある。興味深いことに、スペインで行われたある調査によると、噛み傷の原因は主にシャム猫だった。だがこれについてもやはりもう少し詳しく見てみれば、シャム猫などの純血種を選ぶ飼い主は猫とのより親密な関係を求めており、撫でたり抱いたりといった行動をより頻繁に求め、その結果猫は、私たちが一一六ページ（第4章）の図のなかで「防衛行動」と分類した行動に出るのかもしれない――人間を遠ざけようとしているのだ。オーストラリアで行われた調査では、猫が噛むことと、猫種、性別、毛色との間には何の関連性もなかった。

これとは別にメキシコで行われた猫の飼い主へのアンケート調査では、灰色の猫は人見知りでよそよそしく、他者に対して寛容でない傾向が強い一方、茶トラ猫は躾けがしやすく、人なつこくて落ち着いていた。タビー（縞模様のある猫一般）は一番大胆で活発である一方、三毛猫は頑固だった。

さらに別の調査では、飼い猫の性格を、活発さ、よそよそしさ、大胆さ、落ち着き、人なつこさ、怒りやすさ、人見知り度、頑固さ、我慢強さ、そして躾けのしやすさなどに関してそれぞれ点数をつけて評価してもらった。それによれば、茶トラ猫は人なつこく、黒猫と白猫は社会性が低かった。白猫は人見知りが強く、怠け者でのんびりしており、さび猫は、怒りやすいと同時に躾けがしやすいと評されることが多かった。黒猫には特に強い性格的特徴は見られなかった。この分野についてはさらなる研究が必要なことは確かであり、またここまで見てきたように猫の性格にはさまざまな要因が影響するので、その毛色だけで判断しても、自分に向いた猫を選ぶ助けにはならないかもしれない。

毛色がなぜ性格に影響するのかということについてはいくつかの仮説があり、毛の色を決める色素（メラニン）は脳の活動に必要とされるのと同じ生化学的経路と化学物質によって産生されるからであるという説や、毛色を決める遺伝子は染色体の上の、神経系に影響を（したがって行動の仕方に影響を）与える遺伝子に近いところにあるからだ、という説もある。

人びとは明るい毛色の猫を好む傾向があるようで、里親センターによれば、黒猫は里親が見つかるのに時間がかかる。これはもしかすると、黒猫は写真を上手に撮るのが難しくて、他の猫と差別化された黒猫の「個性」が目立ちにくいからなのかもしれない。一方、茶トラ猫は通常、譲渡先が決まるのが早いが、これは魅力的な毛色と、人なつこいという評判が組み合わさった結果なのかもしれない。

経験と性格

第2章では、子猫時代の経験がその後の成長に非常に大きく影響するということをお話しした。生後二か月の間に頻繁に人間と接していた猫は、そうでない猫と比べて、それまで見たことのない物や経験したことのない状況に自信を持って近づくことができるようである。生後すぐのどういう時期にどれくらい人間と触れ合ったか、何人の人間と接したかは、成長してからの人なつこさに影響するが、こうした経験のすべてが、猫が問題に対してどのように立ち向かい、生涯を通じて何を学ぶかを形づくるのである。

猫の行動を変化させる要因は他にも二つある。私たちは、性格と気性は「固定されたもの」と考えがちだが、たとえば事故、病気、怪我といった、トラウマとなるような重大な出来事を経験すると、それらは猫に大きな影響を与え、その行動を恒久的に変化させることがある。例を挙げれば、あるとき犬によって怪我をさせられたことがあると、その猫はすべての犬が怖くなるだけでなく、それまでは気にならなかったさまざまなものを怖がるようになるかもしれない。その一件で、猫は自分の逃走能力に自信をなくし、それ以降、脅威と感じるようなことが少しでもあると、その状況に過剰反応するようになるのである。これと同じことが、何者かに襲われた人に起こり、その後の人生に影響するのを目にすることがある。自信を取り戻すには時間がかかるかもしれない。

病気の猫を必死で看病すると猫の性格が変化するということも報告されている。以前は「人になつかなかった」猫が、何週間も手厚い看病を受けた後で人なつこくなったというのである。動物行動学者はこれについて、人間の世話を受け入れなければならなかった、という事実が猫を「フラッディング［訳注／苦痛を感じる強い刺激にさらす、あるいはさらされること］」し、打ちのめすのである、と説明する――猫はその状況から逃れられず、受け入れるしかないからだ。フラッディングというのは健全な行為ではないし、動物に対して意図的に行うべきではない。フラッディングによって猫が、その人間が自分に（それまでその猫が、生き残るために全力で避けてきた）悪いことをしているのではない、ということに気がつくのかどうかは定かではない。また、その猫がその後、人間一般に対して人なつこくなるのか、それとも世話をしてくれた人にだけなつくのかもわかっていない――ひょっとするとこれは、誘拐され人質となった人が誘拐犯に対して信頼の念や愛情を感じる「ストックホルム症候群」のようなものなのかもしれない。あるいはその猫は、野良猫に近い形で自力で生きてきたのではあるが、実は子猫のときに人間について学んでおり、病気や怪我をしたときに人間を頼りにできる信頼関係の基盤があったのかもしれない。

一般的な傾向に逆らい、私たちの予想に反する行動をとる猫は必ずいるものだが、猫の行動について理解しようとすることには意味がある——そうすれば、もっと上手に猫の世話をし、内猫として幸せに暮らす可能性を与えることができるし、もしも人間のそばにいることがその猫にとって本当にトラウマとなるのならば、そのことを受け入れて、別の生き方を見つけてやることができるからだ。

まとめると、あなたの猫の個性、その猫があなたにどれだけなつくかは、遺伝的特徴や、同腹の子猫たちとの経験、置かれた環境のなかでどれほど積極的に学んだか、母猫がどんなふうにその子猫に接し、その子の目に入るところで人間に対してどのように反応したか、人とのコミュニケーションが良いものであったかどうか、そしてもちろん、その猫が現在置かれている状況やそこに脅威を感じるものがあるかなどの要因で決まるのである。

4 人は猫に何をしてほしいのか？

ここまでで、猫を基本的に理解するのに必要な知識は網羅した。人が猫を飼いたがるのには、さまざまで複雑な理由がある。そのなかには猫にとって非常に有益なものもあれば、猫よりも人間にとって重要なものもある。猫よりもむしろ自分のニーズを満足させるために猫を飼っている人は、その猫が置かれた立場と、猫の幸福度を高める方法について、真摯に考えてみるといいかもしれない。この章を読み返してみると、私が情熱を感じていることや懸念していることを吐き出しているかのように感じられるところがある――残念ながら、人間のニーズや欲求が猫の幸福よりも優先されている、という場面はあるのである。

私たちはなぜ猫を愛するのか？

猫と人間の関係はさまざまだ――それは、飼い主の奇癖と猫の気まぐれが組み合わさってできる。そして、人間同士の関係がそうであるように、猫と人間の関係もまた時間とともに変化し、相手の行動の一部を好きに（少なくとも受け入れられるように）なったり、別の行動がますます嫌いになったりする。飼い猫と自分の理想的な関係を、私たちが頭の中に思い描いているのは間違いない――人間であれ猫であれ、そのあるがままを受け入れなければいけない、とわかっている私たちでさえそうなのだ。

ほとんどの人にとって、「理想的」な猫とは、人間のことが大好きでつい抱きしめたくなるほど可愛くて、家族や友人の近くにいるのが好きで、家の中で物を壊したり汚したりせず、攻撃的でも気難しくもなく、私たちの愛情に愛情で応え、いつもそばにいてくれる猫だろう。あるいは、肉を食べないとか他の動物を捕らないといった、自分の信念に合っている猫が理想と思う人もいるかもしれない。もちろん、戸外に出ることができない猫は獲物を捕まえることができないわけだが、生来持っている狩猟本能のはけ口を持たない猫の問題はそれだけではなく、飼い主はその穴埋めをする努力が必要である。だがそれは単純なことではない。近頃はほとんどの人が、飼い猫が野生の動物を殺して「プレゼント」として家に持ち帰るのを嫌がるが、あいにくそれは、猫の本質を否定することになる。なかには、野生動物に餌をやったり助けてやったりするのが楽しいのと同じように、飼い猫とも一定の距離を置いて付き合うことで満足する人もおり、一部の猫にとってはそれが、大きな不安を回避できる理想的なシナリオだ――人間にあまり近づかずに、食べるものと寝るところが確保できるのだから。猫とのもっと緊密な関係を必要とし、自分が飼い猫にとって大切な存在であると安心させてもらえることを望む人もいる（猫にとってそれはとても難しいことだ）。人間と猫の望むものが一致すれば、それが理想的な組み合わせである。

私たちはどうやら、生活のなかに猫のサイズの穴が開いており、それを埋めたがっているようだ。だがいったいそれはなぜなのだろう？　猫の面倒を見たいから？　不運な猫を救いたいから？　友だちが欲しいから？　パワー、それとも創造性のため？　冷めている人は、私たちは見返りがなければ何もしない、と言うかもしれない。だがその見返りとは単に、与えること、分け合うことからくる満足感にすぎないかもしれない。もちろん、猫それぞれに固有の個性があるのと同じく、人間も人それぞれだし、猫を飼う動機も個人差が大きい。

イギリスで行われた、回答者の三分の二近くを女性が占めたある調査では、飼い主と猫の関係の背後にあるさまざまな感情的要素に関する情報をアンケートを使って収集することで、いろいろなタイプの関係性を調べた。すると、「オープンな関係」から「よそよそしい関係」、「気楽な関係」から「共依存」や「友情」まで、猫と飼い主の間にはさまざまなタイプの関係が見られた。

私たちが何かに対して抱く感情は、その対象との相互関係に影響されると言われているので、この調査ではまた、飼い主が猫に対してどれくらい感情移入しているか、猫が他者をどこまで受け入れるか、飼い主がそばにいることが猫にとってどれくらい必要か、また猫の「よそよそしさ」についても調べた。アンケートの結果は、飼い主が、猫とはどういう生き物で何をする動物と考えているか、そしてそのことが今度は、自分が飼っている猫に対する飼い主の感情にどのように影響するかを明らかにした。たとえば、自分の猫は自分に忠実、あるいは自分の気持ちに寄り添ってくれるし、撫でたりコミュニケーシヨンをとったりするのが本当に好きだと思っている人がいるかもしれない。しかし、猫とその行動を見てみると、事はもっと複雑だ——なぜなら人間は、猫が自分の必要とする行動をとってくれるから自分と猫は親密な関係にある、と感じているのかもしれないからだ。だが、身体を触られることに対する許容度は、猫の個体によっても違うし、同じ猫でも環境や状況が異なればまったく違うものになるということは先述のとおりだ。

このアンケート調査の結果によれば、猫を飼っている人は、猫が「不安なときに飼い主を探す」という行動を重要視していないようだった。犬を飼っている人にとってこれは、自分と犬を結ぶ絆となる行動なのだが、猫の飼い主は、自分と猫の関係の価値をそのことで測ろうとしなかったのだ。これはもしかすると非常に賢いことかもしれない——自分のことは自分でできるように進化し、仲間の支えに頼って生きることがかつてなかった生き物と暮らせば、それを期待してもがっかりする可能性があるからだ。

では、アンケート調査から何がわかったのか？　四分の一を超える回答者が、飼い猫と「オープンな関係」を持っていた——つまり彼らと飼い猫の関係は非常にニュートラルで、飼い猫に対してバランスのとれた感情を持っていたのである。彼らの飼い猫は外に出られることが多く、飼い主以外の人間とも仲良くなり、飼い主のことが好きなようではあるが飼い主のそばにいる「必要」はなく、自立しているようだった（これを「よそよそしい」と形容する人もいるかもしれない）。こうした飼い主は、たくさんの猫を飼っていることは少なく、きちんと猫の世話をし、猫に選択肢を与えることや、猫を活発かつ好奇心に富んだ状態に保つことの重要性に気づいているようだった。自分が猫にとっての避難所であるとは考えず、猫がストレスを感じたときに飼い主である自分を求めることを期待していなかった。

このグループよりわずかに少ない数の回答者は、飼い猫に対する感情移入がもっと少なく、たとえ猫がなついているのが飼い主だけであっても、その猫を人なつこいとか家族の一員であるとは考えていないようだった。これは「よそよそしい関係」に分類される。「気楽な関係」というのは、猫が人なつこくて誰にでもなつき、飼い主を他の人間よりも必要としているようにも見えない関係のことで、賑やかな家庭に飼われ、外に出たり、近所の家に遊びに行ったりすることさえあるような状況であることが多かった。この二つのグループはいずれも、飼い主が感情的に猫と距離を置いているのが特徴だが、猫が飼い主以外の人間を受け入れるかどうかという点で違っていた。

「共依存」と「友情」で結ばれた関係は、どちらも猫に対する飼い主の思い入れが深いが、猫が飼い主以外の人間を受け入れるかどうか、また飼い主のそばにいることが必要かどうかという点で異なっていた。アンケートに答えた人のうちの四五パーセント近くは、飼い猫に対する感情的な思い入れが非常に強かった。これはまた、自分の猫は「よそよそしく」はないと答えた人や、猫が自分を舐める――つまり、人なつこくて飼い主のそばにいたがる――と答えた人と重なっていた。またそうした猫のなかには、飼い主以外の人間や他の猫とも仲良くできるが、他の人よりも飼い主のほうが好き、という猫が含まれていた。これは「共依存」（互いに相手に依存し合っていること）と呼ばれ、外に出ることができない猫を飼っている家庭に多く見受けられた。飼い主は猫と遊び、猫が餌を食べている間はそばにいることが多かった。この調査結果の論文は、このような関係は飼い主との相互関係のなかから生まれるのではないかと示唆し、これらの猫は飼い主と離れると不安を感じる、あるいは、餌の時間をはじめ、自分の生活のパターンを飼い主が管理することに欲求不満を感じる可能性が、他の猫と比べて高いのではないかという疑問を呈している。研究者らは、「友情」で結ばれた関係は、多頭飼いで、猫は飼い主になつき、温かい関係にあるけれども同時に猫と飼い主はそれぞれ自立している、という家庭で見られることが多いと述べている。こういう猫は、飼い主のそばにいるのが好きではあるが、物理的に常に飼い主の近くにいる必要は感じない。

さて、これらは総合すると何を意味するのだろうか？　このアンケート調査からは、飼い主の猫に対する感情的な思い入れの強さと猫の社交性によってさまざまなタイプの関係が生まれるらしいことがわかる。社交性があるというのは飼い主以外の人間を受け入れるということだが、これは、密接に接触したり飼い主にベタベタしたりすることとは違っていた。この調査の結果はまた、「よそよそしく」見えるであろう猫は多いものの、一般に言われるほどは多くないと述べている。「よそよそしい」というのはあまり良い言葉ではないし、そうした言葉を聞くと私たちは、人になつかなかったり積極的に人と関わろうとせず、冷めていて他人行儀で、飼い主に無関心な猫を思い浮かべる。猫に近いところにいる人より、自分の飼い猫とコミュニケーションがなかったり、猫を一匹も飼っていない人が使う言葉だ。

以前行われた調査では、猫の飼い主に、自分が飼っている猫よりも「理想」に近い猫とはどういう猫かと尋ねると、いくつかの興味深い結果が得られた。たとえば、二匹以上の猫を飼っている人は、一匹しか飼っていない人と比べて、猫が餌の選り好みをしなければいいのに、と思っている確率が高かった。

外に出ることができる猫を飼っている女性は、完全に家の中で猫を飼っている人と比べ、自分の猫が知らない人に対してもっと用心深くなり、人なつこく振る舞わないでほしいと思っていた。おそらく飼い猫の身の安全が心配なのだろうから、これはもっともなことだ。ただし、外に出る猫を飼っている人は、飼い猫を外に出さず、自分のそばにいてほしがる人よりも、猫が自立していることを望んでいた。また高齢の人のほうが、猫のほうから自分とコミュニケーションをとろうとしてくるのを待つのを厭わず、猫の行動が何かダメージの原因になっても怒らなかったし、若い人と比べると、猫の個性を受け入れ、自分の飼い猫により満足していた。

私たちは、猫が自分の生活のなかで果たしている役割の重要さを軽んじるべきではない。猫と一緒に暮らしたい、と思うのは少しも悪いことではないが、自分が猫を飼う動機をよく考えてみれば、猫とお互いに幸せに暮らすにはどうすればいいかをよりよく理解し、考えるきっかけになるだろう。では、私たちが猫に望むことをいくつか見ていこう。

撫でたり抱いたりさせてくれること

私は次のページの図が大好きだ——これはインターナショナル・キャットケアの専門家がつくったもので、身体に触られることに対する飼い猫の反応の仕方についてのものである。第2章で紹介した、人間といるのを嫌う猫から飼い猫までの一連の分類とは違い、飼い猫が、たとえば撫でられるといった身

飼い猫が身体的な接触に対して見せるさまざまな反応の図。提供：インターナショナル・キャットケア。

体的な接触に対して見せるさまざまな反応を示している。

生涯に複数の猫を飼った経験があったり、猫を飼っている友人がいる人なら誰でも、猫によって、どんなふうに、どれくらい人間に触られたいかがまったく違うということを知っているはずだ。それには、ここまでに見てきた数々の要因が影響している。猫の反応は、「触られるのを喜ぶ」から「防衛行動」までさまざまだ。「防衛行動」は、以前は「攻撃性」と呼ばれることもあったが、動物の行動に関する専門家は――当然だが――そうした行動を「攻撃性」と呼ぶのを非常に嫌う。攻撃性という言葉を辞書で調べたり、私たちが頭の中でその言葉をどのように理解しているかと考えると、それには「挑発されることなしに攻撃する」という意味がある。だが猫が挑発されずに他者を攻撃することは非常にまれである。なおこの場合の挑発とは、猫に反応させようとしてしつこくつついたりすることではなく、何もしなくても、単に怖がりの猫が、「向こうに行って」とか、近くに人がいるので「この状況が嫌」と言っているだけかもしれないのだ。そこで、猫は原因もなくそうした行動をとっているのではなく、置かれた状況に対処できないだけであることを示すために「防衛行動」という言葉がつくられた。つまり、飼い主が（猫を愛するあまり）、猫がそれを脅威と感じていることに気づかず、そのうち自分の愛情を受け入れてくれると考えて、しつこく撫でたり触ったりし続ける状況である。だが残念ながら、愛情が必ずしも常に障害を乗り越えられるとは限らず、恐れが非常に深いところに組み込まれていることもある。猫は、人間を遠ざけ、状況を自分のコントロール下に置こうとする――人間の行動がどんな動機によるものなのかを理解できないからだ。防衛行動は最も極端な反応で、その次に来るのが人間を「避ける」という行動だが、防衛行動はおそらく、避けることが不可能な場合に起きる。人なつこい猫でも、たまたまそのとき撫でられたり抱かれたりしたくなければ人間を避けることはある。「我慢」のイラストは私のお気に入りだ。私の猫はよくこうやって、私たちのすることをじっと我慢しているのだと思う。私たちを遠ざけようともしないがもっとやれと促すこともなく、私たちに触られるのをじっと我慢して、隙あらば逃げてしまう。私たちのことを軽んじているわけではないし、嫌いなわけでもない――何か他のことをやろうとしているところだったのかもしれないし、他のことで頭がいっぱいなのかもしれない。

なかには人間との触れ合いが大好きで、それを「必要」とし、私たちが猫とコミュニケーションをとったり撫でたりするのを自分から催促して、身体的な触れ合いを喜ぶ猫もいる。ただし、同じ猫でも、触られるのを受け入れるのがふさわしい状況であるかどうかにより、ときによって違う反応を見せることがあるということも覚えておこう。猫の飼い主にしてみれば自分の飼い猫が、自分が触るのを「喜ぶ」、あるいは「我慢」してくれるほうが嬉しいのはもちろんだし、なかには、それが「必要」ですらある様子を猫が示すのを好む人もいるが、それを嫌がる人もいる。

この図は撫でられることに対する反応を示したものだが、単に撫でるほかにもいろいろなことをしたがる人がほとんどだ。人は、愛情表現として猫を抱きしめたりキスしたりするのが大好きだし、その必要性を感じたときにはどうしてもつい飼い猫を抱き上げたくなる。私たちが「抱っこ用のおもちゃ」を買ったり、それが国や年齢を問わず人気があるのは偶然ではない。頭のてっぺんにキスをされたりギュッと抱きしめられたりするのが大好きな猫もいるかもしれないが、一方で、そういうふうにうるさいことをされたり身体の自由を奪われたりするのが嫌いな猫もいる。おもちゃのように抱き上げられ、ギュッと抱きしめられるのを嫌がる猫は多い――そうされると窮屈だし、自分で自分の世話をする能力が奪われるし、必要な場合の逃げ道を確保できないからだ。これは猫の本能的な反応であり、自分は決して猫に苦痛を与えようとしているのではないということに猫が気づかないのを不愉快に感じる人もいるかもしれないが、猫にとっては、選択肢があり、自分が状況をコントロールしていると感じられることが重要であるということは忘れてはならない。人との触れ合いを「必要」とする猫でさえ、飼い主が自分に注目し、その要求を認めては欲しくても、きつく抱きしめられるのは嫌かもしれない。これは、飼い猫が大切で護ってやりたいという気持ちを示す何よりの方法として、猫を腕に抱き上げたがる飼い主にとっては、とても苛立たしいことかもしれない。

純血種のなかには、雑種と比べて人間と近しく触れ合ったり抱かれたりするのが好きな猫種もあるが、純血種にしろ雑種にしろ、こうした行為に対する反応には大きな個体差がある。また、誰が自分を抱き上げようとしているのか、またそのときの猫の気分によっても反応の仕方は違う。諦めず、ゆっくり慎重に続ければ、猫は抱かれることに慣れるかもしれないが、あなたが自分を抱き上げようとしているということに気づいて、それを避けるためにもっと素早く逃げてしまうかもしれない――そんなことをすればもちろん、猫に近づけるどころか、ますます遠ざけてしまうことになる。

もちろん、私たちとコミュニケーションをとりたいときにどうすればいいかを猫は覚え、そういうとき猫は、喉をゴロゴロいわせたり、スリスリしたり、前足でフミフミしたり（薄い布地の服を着ていて、尖った爪が布地を貫通してしまうと少々痛いかもしれないが）といった、生まれついての習性に則った行動をとったり、猫同士のコミュニケーションではなく人間のためだけに発達させた鳴き声を使ったりする。喉をゴロゴロいわせたりフミフミしたりするのは、飼い猫が子猫だったときに母猫にしたことだ――喉をゴロゴロいわせるのは、相手にコミュニケーションを促すと同時に万事順調であることを示す行動だし、フミフミするのは、母猫の乳を吸う子猫が乳の出を良くするためにしたことを繰り返しているのである。もちろんそういうときの猫はとても可愛らしいし、やわらかくて暖かい素材の服を着ればそうした行為をますます助長することができる——そんな素材が猫は大好きで、ときにはフミフミとゴロゴロで恍惚状態になることもあるように見える。おそらく彼らは、子猫時代、ごはんをくれるやわらかくて温かいママの乳首を吸い、すり寄っていたときと同じ気持ちなのだ。

話し相手になってくれること

飼い犬や飼い猫を亡くしたことのある人なら誰でも、迎えに出てきてくれる生き物のいない空っぽの家に帰宅するのがどんなにつらいことか知っている。小さな猫がいるだけで、私たちの家はその子の個性に満たされ、我が家と呼べる場所になるのだ。猫との付き合い方は、単に同じ空間を共有し、生きた動物が自分と一緒にそこにいる、というだけのこともあれば、もっと親密な関係であることもある。また研究によれば、私たちが飼い猫や飼い犬とコミュニケーションをとると、人間の赤ん坊との絆が形成されるときに分泌されるのと同じホルモンの分泌が増えることもわかっている。これは必ずしも、猫が子どもや他の人間の代わりになるという意味ではないが、彼らが私たちに、慈しむ対象を与えてくれるのは確かだ。自分が知っている人や社会的交流の代わりにはならないとしても、彼らの存在は私たちの気持ちを明るくする助けにはなる。

他者に必要とされる必要性を満足させてくれること

人は根本的に、他者に必要とされることを必要とする。私たちは、家族であれ、コミュニティであれ、強い思い入れのある理念であれ、誰か、あるいは何者かにとって自分が大きな意味のある存在、重要な役割を担う者として、自分を超えた何かに貢献したいと望む。自分が重要な存在であると感じ、自分の存在には意義があると感じることは、人間にとっての基本的欲求であり、精神的・感情的・身体的な幸福にとってなくてはならないものだ。ペットは私たちをあるがままに受け入れてくれるし、彼らの反応は正直だ。私たちは彼らの反応を理解し、そのままに受け入れ、自分に都合よく解釈しないようにしなければならない。ペットは人が、自分には価値があり愛されている、と感じるのを助け、そのことが今度は人と人のコミュニケーションを促し、もしかしたら、私たちを、より優しく寛容にしてくれる可能性もある。受け入れられている、ということの感覚を失うと、私たちは生きる目的と方向性を見失ったように感じるかもしれない。

私たち人間は社会的な生き物で、自分が何かの一部であり生きる目的があると感じると良い気分になる。猫は私たちにこの、必要とされる機会を与えてくれるのであり、それまでつらい生活をしていた、あるいは病気や障害があって面倒を見るのが大変な猫をあえて選んで引き取る人がいるのも、それが理由なのかもしれない。三本足の猫が障害のない猫より先に里親にもらわれていく理由も、おそらくそれで説明できるだろう。これは何ら間違ったことではない——普通よりも大変な世話をしっかりと引き受ける覚悟があるのだから。

私は人間の心理には詳しくないが、ときとしてこうした欲求が行き過ぎることもあるのは知っている。猫の生活の一部になりたくてたまらず、猫にばかり注意を集中させている人がいるとしたら、猫はそれを不快に思うかもしれない。

飼い主の相手をしてくれること

猫と人間の友情は通常、とてもプライベートなものだ——犬は飼い主を散歩のために外に連れ出して人と交流させるが、私たちが猫を飼っていることを周りの人は知りさえしないかもしれない。ただし、ソーシャルメディア全盛で、自分の猫の面白写真や動画をオンラインで共有できる時代になって状況は変わった。ほとんどの人にとってそれは単に、自分の大切な飼い猫の写真を共有し、同じように感じてくれる人を見つけるための良い方法である。ソーシャルメディアはまた、猫の幸福について論じ、猫の手助けをする方法について人びとの関心を高めたり、里親を見つけたりするのにも使える。

ただしそれは同時に、猫のためにはならない行為を助長する舞台にもなり得る。インターネット上には、怯えた見た目の猫が数多く見受けられ、笑いを誘っている。たとえばGrumpy Cat［訳注／不機嫌な猫の意］という猫にはものすごい数のフォロワーがいて、擬人化され、その変わった容姿が多くの人を楽しませる。見た目の変わった猫種を繁殖させて自分のものにしたがるのはこれが理由かもしれない。「世界一醜い犬コンテスト」という競技会には、とても変わった容貌の犬が集まる。こういう競技会を開く動機を精一杯寛大に解釈すると、私たちはどんな見た目の動物でも愛することができるし、その動物が美しい必要はないことを示す、ということになるが、別の見方をすれば、それは人を笑わせるためのフリークショーであり、参加している動物を見れば、繁殖の失敗の結果として身体や顔がひずんでしまったり、奇妙な体毛やその他の問題が起きたのであることは明らかだ。個々の動物に関して言えば、いったんこの世に生まれたからにはどんな生き物でも大切にされてほしいが、こうした競技会は、そもそも防ぐことが可能だったし防ぐべきだった事象をもてはやして浮かれ騒ぎ、そういう犬を見世物にする口実を人びとに与えているように思う。こうした競技会で優勝したある犬のことを思い出すと私は今でも腹が立つ――それは、脚が大きく曲がっているために歩くこともままならず、頭が巨大なために口ばかりが大きく（もちろん、ぺちゃんこの顔には鼻のためのスペースがない）、そこに収まらない舌が外に出ずっぱりのブルドッグだった。優勝の賞品には、その犬をさらに見世物にするためにニューヨークまで行く旅費が含まれていた――歩いたり息をしたりするのさえやっとで、ストレスや暑さでその状態は悪化するのに、その犬は飛行機か車ではるかかなたの街まで行かなければならないのだ。こんな状況のどこが動物のためになるのだろうか？

アジアで開かれる、これと似た醜いペットの競技会では、犬はチャイニーズ・クレステッド・ドッグ、猫は（無毛の）スフィンクスが最も醜いペットとして優勝した。その他に参加した猫のなかには、スコティッシュ・フォールドやペルシャ猫の交配種が含まれていた――すべて、人間が故意に繁殖させた猫種だ。ソーシャルメディアで大の人気者である猫のウィルフレッドの動画をユーチューブで見たとき、私は泣きそうになった――さまざまな問題を遺伝的に引き継いだウィルフレッドは、極端な見た目を目指して交配されたために歪んだ顔から目が飛び出しており、餌を食べるのも一苦労に違いなかった。ビデオの冒頭には、「ウィルフレッドはどこも悪くない、ただ醜いだけなんだ」というナレーションが入る。だがこういう問題には原因がある――これは人間がつくり出した問題であり、こうした動物の問題は防ぐことができるし、もてはやすべきものではない。私たちは、無責任な育種から生まれた動物の面倒を見ると同時に、将来的にそういう事態が起きるのを防がなければならない。第7章では、猫の虐待につながりかねない繁殖について述べる。

猫に洋服を着せるのも、人びとの注目を集める方法のひとつだが、猫はおそらくそれを楽しんではおらず、おそらくは「我慢」するのがせいぜいだろう。なかにはそれを大々的に嫌がる猫もいるし、服を着せられると固まってしまったり、倒れてしまう猫も多い。この魅力的な動物に、私たちはなんと失礼なことをしているのだろう？　その他、たとえば関節炎に苦しむことが多いスコティッシュ・フォールドは、関節炎の痛みや不快感から、服を着せられても、動いたり反応したりしたがらないことがある。猫は、季節や行事に合わせて扮装させる人形とは違うのだ。

人間と同じように考えたり感じたりすること

ペットのことを「ファー・ベイビー」［訳注／毛皮のある赤ん坊の意で、ペットを子どものように可愛がる人がよく使う言葉］と呼んだり、自分のことを「ペットの親」と呼んだりするのは、飼っているペットに感情移入し、家族の一員として、思いやりと責任感をもって扱う助けになる、と考える人たちがいる。私はこのどちらの言い方も大嫌いだ――なぜならこういう言い方は、私たちのペットは人間で、人間と同じように考えたり感じたりし、人間の子どもと同じように彼らを扱うべきだと思い込ませる危険性があるからだ。こういう言い方は、ときとして謎に満ちて複雑な、猫という生き物の行動を解釈するためには便利な方法だと思われがちだが、それは同時に誤った理解を生みやすい――なぜなら猫は人間ではなく、第5章で見ていくように、猫の欲求やニーズは人間のそれとは異なるからだ。こういう言い方をすると私たちは、動物に対して非常に感情的に反応しやすくなり、淋しいのだとか、やきもちを焼いているのだとか、高価な猫用アイテムを買ってやる必要があるとか（猫用品をつくっている会社はこれを利用して、ペットに大金をつぎ込むことで愛情を証明しろとけしかける）、あるいは人間に対するような愛情表現をすればどんな問題も解決できると考えてしまうのだ。

擬人化というのは人間の感情を動物に当てはめることで、それによって動物に対する共感力（他者の感情を理解し共有する能力）が向上することもあるが、もしもその感情の解釈を誤れば、猫のニーズを優先させる邪魔になる。大切なのは猫という動物種、そして個々の猫に対する敬意であり、飼い猫の生活を本当に改善したければ、私たちの行動をそのために適応させる必要があるかもしれない。ときとして私たちは、猫が必要としていることを実は知りたがらない——なぜならそれは私たちにとっては不都合で、私たち自身の考え方や行動を変化させることが必要になるかもしれないからだ。

私たちの「愛情」を喜んで受け取ること

そうは思いたくないかもしれないが、この章の前半で述べたとおり、研究によれば、飼い猫に対する私たちの愛情は、飼い猫がどれくらい私たちを愛していると思うか、飼い猫がどれくらい予想通りの行動をするか、好奇心がどれくらい強いか、どれくらい遊び好きで清潔か、といったことと関連している。つまり私たちは猫に対してかなり高い期待値を持っており、自分が与える愛情に対して何らかのお返しを求めているようである。飼い猫に対する愛着心が強い人ほど、猫を追い回して猫からの反応を欲しがる傾向がある。ただし私たちは、飼い猫に好かれたい、愛されたいと願いはするが、少なくとも、犬のように自分に服従したり自分を護ってくれることは期待しない。

猫を飼っている人へのアンケート調査によれば、飼い猫が内猫の場合、活発で飼い主とよくコミュニケーションをとり、自分から関係を求めるほうが評価が高い。また、外に出られる猫は、内猫よりも飼い主にスリスリすることが多い——外から家に入ってきたときは特にそうで、これは、挨拶を交わして匂いを交換し合うことで飼い主とのつながりを再構成しているのかもしれない。アンケートでは、外に出られる猫は室内飼いの猫よりも好奇心が弱いという結果だったが、実はこのアンケート調査は、猫の行動だけでなく、飼い主によるその解釈についてもいろいろと疑問がある。外に出る猫は内猫と同じくらい好奇心が強いが、外に出ている間にさまざまなことに関する好奇心を満足させ、家に入って飼い主に挨拶して寝る頃までにはエネルギーを使い果たしているのかもしれないのだ。一方内猫は、その好奇心を飼い主の行動にフォーカスさせなければならない——家の中では屋外のように、猫がコントロールできないような出来事が自然発生的に起きないからだ。おそらくはそのために、猫の注意は飼い主により集中するのである。

「愛はすべてに打ち克つ」という言い回しはロマンチックだし楽観的だが、猫にはこれは必ずしも当てはまらない。これまでの章を読み、猫が好む人との関わり方の度合いは猫によってさまざまであることが理解できていれば、どれほどたくさんの愛情を猫に注いでも、それによって猫の性格が変わったり、人間や生きること全般に対する不安感を取り除けたりするわけではないことがおわかりだろう。そういう猫は、とにかく愛情を注ぎ続けさえすればいずれはそれを受け入れ、喜んで撫でられたり抱かれたりすることでその愛情に応えてくれるペットになる、と私たちは思いたがる。愛しているからこそ与えたいと私たちが思うのは間違いないが、重要なのは、それがどういう類いの愛情か、である。正しい愛情には、敬意と根気が含まれている。それが正しい愛情であることを証明するのは、私たちが、遠くから、身体に触れずに猫を愛し、触ろうとして猫を追い回さずにいられるかどうかだ。猫の方から私たちに近づいてきたら私たちはそれに反応してよいが、猫に無理を強いたり不安にさせたりするのは愛情ではない。臆病な猫は、たとえわずかでも自分から近づいてきたり、あるいは逃げなくなるだけでも何年もかかるかもしれないが、それすら感謝すべきなのである。

猫を愛するあまり餌を与えすぎることもある——餌をやる、という行為は、猫とコミュニケーションをとり、満足感が得られる時間だからだ。野良猫とさえ、ある程度のコミュニケーションはとれる。そうすることによって人間が自分に餌をくれるようになると感じれば、猫は自分から人間に近づくのだ。撫でられたり抱かれたりするのは嫌かもしれないが、餌を食べている間は猫と人間の間にコミュニケーションが成立する。

自分や自分の友人、家族と喜んで一緒にいること

猫を飼っている人のなかには、猫が自分のことだけを好きで、他の人にはなつかないのを喜ぶ人もいる。自分が特別な存在のように感じられるからだ。猫によっては——おそらく子猫時代に人間と満足できるコミュニケーションを持たなかったことで——一人の人とだけいたがり、他の誰にも愛情を示そうとしないこともある。猫を飼う喜びは犬を飼うのと比べてずっと個人的なもので、友人や知人は、あなたの家を訪ねてこない限りあなたの猫に会うこともない。だが、ほとんどの人は、自分の猫を友人や家族に自慢したがり、飼い猫が自分以外の人とコミュニケーションをとったり、撫でられたくて近づいて

きたり、友人の膝の上に乗ろうとしたりするのが嬉しいものだ（ただしその客人が猫とコミュニケーションをとりたがっている場合に限る）。人はよく、猫は、猫とコミュニケーションをとりたがらない人をわざわざ選んで近づくと言う。その理由が、猫好きでない人は猫と直接目を合わせたり積極的に猫の注意を引こうとしたりせず、じっと静かに座っていて、それによって猫を威圧せず、猫にとって魅力的だからなのかどうか、はっきりとはわからない。だが、猫に近づかれたくない人にとってはこれはかなり不愉快だ。

他の猫と一緒にいたがること

先述したように、猫の祖先であるアフリカの野生の猫は、単独で行動し、交尾や子育て以外の目的で同種の個体と会うことはめったにない。私たちが飼っているイエネコは、それほど明確に他の個体と一緒にいたがらないわけではなくもっと柔軟だが、同時に、犬や人間のようにどうしても仲間を必要とするわけでもない。また、とても社交的な猫の場合でさえ、私たちがいないと淋しいと感じるのか、それとも、周りに誰もいなくてもへっちゃらだが、飼い主がいると起こる嬉しいことは嬉しいこととして受け入れるのか、そのあたりもわからない。猫は、飼い主に合わせて自分の行動や起きている時間を変化させることがわかっている。それが室内のみで飼われている猫で、外に出て冒険できる猫と比べ、静かな家の中での生活にあまり変化がないならばなおさらだ。ただし、内猫が淋しいだろうと思い、「友だち」を与えてやろうと思っても、非常に固定された環境のなかで一匹だけで飼われている猫にとって、気に入らない猫が登場することで限られた自分の世界がひっくり返されるのはとてもつらいことである可能性もある。室内飼いをするつもりなら、最初から子猫を二匹一緒に飼い、成長するにしたがって必要となるようなら二匹が互いから離れられるようなスペースを与えてやるほうがいいかもしれない。ただし、それでも二匹が仲が良いままでいるとは限らず、二匹の関係については注意深く見守っていく必要がある。

なかには——飼い主にべったりになりやすいシャム猫やバーマンであることが多いが——一匹にしておくと苦痛を感じる猫もいる。だからあなたの猫をよく知ることだ——あなたが欲しいからといって、あるいは猫が独りぼっちになることがあるからといって、あなたの猫ももう一匹猫が欲しいと勝手に思わないこと。今の状況に完全に満足していて、「友だち」の登場を不愉快に感じる猫もいるのだ。また、ある別の猫と仲が良かったからといって、その猫が不幸にして死んでしまった後、別の猫を歓迎すると決めつけるのもやめよう。もしも誰かがあなたに友人をあてがい、あなたはその人と反りが合わず、その人から遠ざかることもできなかったらどう感じるか、考えてみることだ。

第1章で述べたとおり、猫は縄張りをつくる動物であり、縄張りを護る非常に強い本能があるということを思い出してほしい。猫は個性的でそれぞれに好き嫌いがあり、自分以外の猫と無理やり一緒にさせられるのは、どちらの猫にとっても強いストレスになりかねない。また、別の猫を新たに飼い始めるのは慎重にしなければならず、時間と忍耐も必要だ。他の猫と一緒にいるのが好きな猫もなかにはいるし、子猫同士は通常仲が良いが、二歳から四歳で社会的に成熟を迎える頃になると、それぞれ個別のスペースを必要とするようになる——室内飼いならば特にだ。室内での多頭飼いにはふさわしくない家もある。部屋が狭かったり、幅の狭い階段が多く、対立する猫同士が相手の通り道を塞げるような家は、猫が仲良くなるには不向きである。

清潔で、家の中を荒らさないこと

猫がペットとして人気がある理由のひとつはおそらくその清潔さだろう。猫は、外で用を足すか、家の中では猫トイレを使い、普通は何の問題もない。猫は概して非常に清潔で、自分で毛づくろいをし、長毛種の毛にくっついてこない限り、泥を家の中に持ち込むこともめったにない。体臭もなく、（犬と違って）歳をとってもそれは変わらない。それに猫は、飼い主が留守にしたときに分離不安のせいで物を齧ったりもしない——これは犬を飼っている人が注意し、解決策を考えなければならない問題だ。

猫の「破壊行動」としては、家の中の物を引っ掻くというのがほとんどである。猫は生来、爪をとぐ必要があり、同時に引っ掻くことで前足の先からの分泌物を使って自分の匂いをつけたり目に見えるマークをつけたりするのだ。猫の多くは家の中で爪をとぐし、猫を飼っている人のほとんどはある程度まではそれを許容する。爪とぎポストでだけ爪をとぐようにさせるためにできることもあるにはあるが、必ずしも成功するとは限らない。だが、その解決策が抜爪《ばっそう》でないことだけは確かである。幸い、イギリスを含む多くの国で抜爪は禁じられているが、そうではない国もある。この恐ろしい慣例についての詳細は第7章を参照されたい。

この章と、猫が欲するもの、必要とするものについての次章を読めば、人間のニーズや欲求が猫のそれとは一致しないこともあるということがわかっていただけるだろう。私たちは、どういうときにそれが一致しないのかを理解し、対応策を考えることができなければならない。

5 猫のニーズと欲求は人が猫のために求めるものと違うのか？

私たちは飼い猫を家族の一員として扱い、あなたはあなたの飼い猫にどうあってほしいかと誰かに訊かれれば、たとえばそれが自分の子どもや家族である場合と同じ答えを返すかもしれない――つまり、健康で、幸せで、選択肢があることだ。だがこれは、猫が欲しがるもの、必要とするものと一致しているのだろうか？　先述のとおり、ある猫にとっては喜ばしいことであっても別の猫にとってそれは恐ろしいことであったり、私たちが飼い猫によかれと思うことが猫自身が求めるものと異なっていたりすることがある。もちろん私たちは、猫が何を必要とし、何を望んでいるかについて、猫の行動に関する限られた理解に基づいて半ば推測しているにすぎない。

ただし、推測してみる価値はある――何しろ、里親探しの団体に引き取られる猫の数は毎年多数に上り、飼い主が猫を手放す主な理由のひとつが「問題行動」なのだ。飼い主が挙げる理由を見ると、飼い主は自分の飼い猫のニーズや行動についてあまり理解していないことが示唆され、獣医師も、人びとが猫を手放す理由は、飼い主が猫のニーズを理解できずストレスを覚えていることがしばしばであると感じている。したがって、猫のニーズについてよりよく理解すれば、猫に対する飼い主の期待は現実的なものになり、猫が飼い主と快適に暮らせるようになるのに役立つかもしれない。

猫を健康に保つために私たちにできることはある――猫の病気やその治療法、病気の予防に関する私たちの知識は、インターナショナル・キャットケアをはじめとする猫研究の先駆者たちの努力によって順調に発達しつつある。猫は今ではペットとして大人気だし、いつの時代にも猫のために闘う人びとがいたおかげで、猫のための優れたヘルスケア、治療、栄養学の提供が可能になっているのだ。まだまだ学ぶべきことは多いが、この六〇年ほどで状況は大きく進化し、猫が病気になった場合、しっかりした治療と疼痛緩和をしてやることが可能になっている。

私たちは、自分の猫は幸せであると思いたい。だが、もしもあなたが猫だったとして、あなたにとっての「幸福」とは何を意味するだろう？　この章では、猫のニーズと猫が欲しがるものについて見ていこう。そうしたニーズを満足させてやることができれば、おそらく（そして願わくば）猫は幸せなはずだ。我が身を振り返ってみると、私たちが幸福であるためには、安心できて快適で、自分の身に起こることや周囲との関係をリラックスして楽しめるための体制がなくてはならない。猫も同じである。私たちは、猫が遊んだり喉をゴロゴロいわせたりするのは猫が幸せであることを示しているのだと考えるが、自分が安全だと感じ、お腹が空いたり喉が渇いたりしておらず、痛みもなく体調も悪くなく、くつろいで、不安を感じない状態でなければ猫はそんなことはしない。幸福とは、こうしたさまざまな要因からなるニーズの階層の頂点にある。こうした条件が揃わない限り、猫は人間になつこうとか愛情を示そうとか思わないのだ。人間にとって何が幸福かを定義するのは難しいが、私たちは、私たち自身のためにも猫のためにも幸福を手に入れたいと願う。

さまざまな要因をよりわかりやすく説明すると、猫が、飼われている家で安心して過ごせること、きちんと食餌をし、健康で元気であること、飼い主とのコミュニケーションや彼らが暮らす環境を心地良いと感じている、ということだ。飼い猫がストレスを感じたり怖がったりすることは避けたい。人間の感情やニーズを猫に押し付けるのではなく、「猫の視点で」考え、それぞれの猫に固有の性格を理解し受け入れることが必要なのである。

猫の視点

人間に飼われていない猫の暮らしと、私たちが自分の飼い猫にどうあってほしいかの間には違いがあることを私たちは知っている。ほとんどの人は、見るからに愛情深く、抱かれるのが好きでコミュニケーションをとりやすい猫が、明らかにリラックスして人間との暮らしを楽しんでいるのは「普通」のことで、猫とはみなそういうものだと思っているかもしれない。実際に、互いに仲睦まじく、楽しく暮らしている猫と飼い主はたくさんいる――もしもあなたの猫がそういう猫なら、そのことを存分に楽しもう。だがそういう関係ができるのは、飼い主が猫のことをよく理解しているからなのか、それともその猫が人間の要求を気にしない性格だからなのか、あるいはその両方だろうか？

人間と暮らす猫には、寝床があり、安全で、継続的に餌を与えられ、暖かく快適、という恩恵がある。私たちの「愛情」も注がれる――ただし、見てきたように、愛情が意味することはさまざまで、人間関係と同様に、双方が、相手がしたいことをするための自由を与え合い、双方が望むときにのみ身体的な触れ合いを楽しむ、敬意と信頼に基づいた関係から、片方が相手を支配するような、敬意に欠けた、相手の反応やニーズを考慮しない関係までいろいろある。

連続したさまざまな関係性の一端には、一緒に暮らしている猫とほとんどコミュニケーションがないという例がある。正直なところ、人間とのコミュニケーションを本当に欲しがる猫は例外だが、猫の多くはこういう関係に上手に対応する。遺伝的に、あるいは子猫のときの体験によって、人間との親密な関係を心から楽しめる非常に社会的な猫に育てば別だが、そうではない猫の多くにとっては、実はこういう関係こそ理想的なのである。その対極には、猫の行動と、猫に降りかかりかねない危険のすべてをコントロールしたいという人間のニーズがある。猫がその気でないときに、あるいは猫が嫌がるほどしつこく身体的なコミュニケーションをとりたがるのもそうだ。私たちは、自分の行動を変えたくないがために、猫の行動を、猫の視点からではなく、人間に当てはめて都合よく解釈してはいないだろうか?

まずは、猫の視点からものを見ることが出発点である。猫の行動を駆り立てる衝動のうち、抑えることができないのはどれだろう? 子猫時代の経験は、人間とうまく生活できる適応性を身につけるためにどんなふうに影響したのだろう? そして、それぞれの猫にはどんな好き嫌いがあるだろう? もちろん猫は、何が欲しいか、あるいは必要かを、直接私たちに言葉で伝えることができないので、私たちは猫の行動を、猫全般、および自分の飼い猫についてわかっていることに照らして解釈するしかない。

すべての猫には、食べ物、水、安心して休める場所、排泄する場所が必要だが、それすら単純なことではない——猫が、自分が暮らす環境のなかにいる人間や他の動物をどれくらい信用しているかということも猫のニーズに影響するからだ。猫には、爪をといだり身体をこすりつけあったりといった、彼らの自然な振る舞いの一部である行動ができることが必要だし、狩猟本能のはけ口も必要だ（遊びがこれにあたるかもしれない）。また周囲の環境の不快な点や、病気、痛みや怪我、恐れや極度の不安が存在しないことも当然必要だ。猫の世話をするにあたっては、身体的な健康だけでなく、精神面での健康も考慮しなければならない。たとえば犬のように、仲間を必要とする動物もいる一方、猫は、他の動物（多くの場合は他の猫）と離れていたければ離れられることも必要である。

　これらはごく基本的なことで、当たり前の部分もあるが、一見単純に見えることが実はもっと複雑である場合もある。私たちは、猫が生きて元気に過ごすために基本的に必要とするものを知っているが、猫は、基本的なもの以外にも選択肢があるのを喜ぶ——たとえば、暖炉のそばで一番居心地の良い場所を選んだり、特にお気に入りの食べ物があったりする場合だ。猫に何が「必要」かを理解する助けとなる科学的根拠はあるが、私たちは、自分の飼い猫が何を「欲しがっている」かは自分で解釈する努力が必要なのだ。

自立、選択肢とコントロール

第1章で見たように、猫は（私たちが手伝っても手伝わなくても）自立した動物であり、人間の世話と愛情を喜んで受け入れるかどうかは、遺伝子と経験が影響する。猫は、油断なく身の安全を護り、狩りをする――つまり、食餌をする――チャンスを見落とさないように進化してきた。自立して生きるためには、猫は周囲の環境をコントロールし、自分のすることを自由に選べなければならない。危険を感じれば、それが実際に危険か否かにかかわらず、脅威と感じるものから逃れるために行動できなければならないのだ。猫の行動のなかには、私たちには非論理的に思えることもあるかもしれないが、それは私たちが「猫の視点で考え」ていないからだ。私たちが面白がる猫の行動のひとつに、私たちがドアを閉めると猫がそれを開けようとし、ドアを開けてやると猫はドアを通らない、というのがある。私たちにしてみればそれは意味のない行動で、単に猫が理由もなく私たちを困らせているように思える。だが猫にとってそれは、万が一必要な場合のために出口を確保するという本能なのだ――猫はただ、選択肢が欲しいのである。ストレスというほどではないが、猫は自分の気持ちに対処するのに役立つ行動を阻害されると少々苛立つ。

仲が悪い猫との生活から長期間にわたって逃れられずにいると、コントロールの欠如はもっと深刻で、猫はもっとストレスを感じることがある。そういう猫は不安感や恐怖を感じており、それを緩和させるために隠れる場所がないからだ。他にもたとえば、外に出ることに慣れている猫が、何らかの理由で（医療面での理由かもしれないし、飼い主がそれを選んだのかもしれないが）現在は室内だけで暮らしている猫がいる。そういう猫はフラストレーションが溜まり、人間の目には問題に映る行動をとることがある――たとえば室内で粗相したり、隠れたり、攻撃的と思える形で反応したりするのである。

猫が安全と感じるには

猫は自分の縄張りをとても大切にする。縄張りは、食べ物の供給源として守るべき範囲のことだが、同時にそこには猫が休息をとり風雨を避ける場所もある。飼い猫が家の中にいて安全に思えるからといって、安心して避難できる場所を求める猫の本能がなくなったわけではない。家の中でも、猫は食べ物がたくさんあって恐れる必要のない場所と、安全に排泄ができる場所を探している。家の中は実際に安全だと私たちは思うかもしれないが、猫の目から見てもそうだろうか？

外に出られる飼い猫にとって、飼い主の家は大きな意味での縄張りの一部にすぎないが、縄張りの中心となるとても安全な一角だ。屋外の縄張りで起こるさまざまなことに対処する必要がある一方で、家の中はおそらく、屋外で過ごすよりずっと楽である。ところが、「お友だち」として別の猫を飼い始めたり、よその猫がキャットフラップを使って外から「訪ねて」きたりすると、その安全が脅かされる。完全な室内飼いの猫の場合、その縄張りは小さくて一か所に集中しており、もしも別の猫がそこに入ってきたら、縄張り全体が乗っ取られる——それはとてつもない侵害行為だ。私はよく、隣の家の猫が自分の飼い猫のところに遊びに来て餌を食べるのが可愛い、と言う声を耳にする。すべての猫がそれをストレスに感じるとは言えないが、ほとんどの猫はそれを好みはしない。たとえ真っ向からの喧嘩にはならなくても、よその猫がいなくなるまでしばらくどこかに隠れているかもしれない。もしもよその猫が入ってきて、あなたの猫と一緒に丸くなって寝たら、おそらくその猫は歓迎されている——ただしそれはごくまれにしか起こらないことではないかと思う。もしも通りすがりの誰かが私たちの家に入ってきて私たちの食べ物を食べ、しかもその過程で私たちを威嚇したりしたら、私たちは腹が立つし、そういうことがまた起きはしないかと心配するだろう。ドアに鍵がかかっておらず、その人がいつでもまた戻ってこられるとわかっていたら、私たちは不安だし、不安感はひょっとすると実際に起きることよりもたちが悪い——身体的なダメージは受けないかもしれないが、安心感は粉々になり、リラックスできないからだ。

猫の安心感を増すために、私たちにできることは何だろうか？　たとえば、飼い猫のマイクロチップにだけ反応する特別仕様のキャットフラップをつけて、他の猫は入ってこられないようにすることを検討する。新しく猫を飼うときには、きちんと手順を踏んで元からいる猫に紹介する。また、猫が暮らしている家の中が、その猫がよく知っている匂いに満たされていることの大切さも知るべきである。

猫にとっては嗅覚が非常に重要で、私たち人間が自分の家の中を視覚的に把握しているのと同様に、猫は家の中のどこがどんな匂いかを知っている。誰かが家の中を模様替えすれば私たちは気がつくのと同じように、自分以外の猫が家に入ったとしたら猫にはそれがわかるのだ。家具やカーペットを替えれば家の見た目が変わり、猫が安心して暮らしている家の匂いが変われば猫は安心感を失う、ということを認識することが重要だ。改装のために家の中を変えたり、新しい家具やカーペットを増やすことも必要ではあるが、自分の飼い猫がそれに対してどのように反応するかを知っておくことも大切である。自分に自信のある猫ならばすぐに慣れ、変化を楽々と乗り越えるので、私たちは何も気づかないかもしれない一方、神経質な猫は、家の中の感じが変わったことに慣れてリラックスできるまで時間がかかるかもしれない。完全な室内飼いの猫のほうが、変化によって影響を受ける可能性が高い——なぜなら、家の中と外を出入りし、屋外で遭遇する問題や変化にどう対応するかを常に決定しなくてはならない猫に比べて、室内飼いの猫の生活は変化が少ないからだ。人、他の猫、赤ん坊、日常のルーティンや家具などを含む些細な変化も、内猫にとってはものすごく大きな変化に思えるかもしれない。

猫にとって、ゆっくり休める安全な場所を見つけることの必要性は、同じ範囲に暮らす人間や自分以外の動物の数や、その活動の活発さによって大きく異なる。たとえば、小さい子どもや犬や自分以外の猫に大変な思いをしている猫は、安らぎの場所を見つけようとして高いところに上ることがある。他の猫がそれを追いかけることはできるかもしれないが、高いところに上った猫は少なくとも、自分に脅威を与えるものが近づいてくればそれに気づき、自分の居場所を護ることが可能である。あなたの飼い猫が神経質なら、高いところにいることが多いことに気づくかもしれない——猫に人気があるのは洋服ダンスの上だ。また、物の下に隠れて、安全な場所から様子を窺うこともあるかもしれない。

人間が面倒を見ている「中間猫」（第2章を参照のこと）の場合、飼い主と猫の間にはよりあっさりとした関係があり、屋外の小屋に猫を棲まわせたり暖かくて安全な箱や寝床を置いてやったりして、快適なすまいと食べ物と寝床を提供しながらも猫に干渉はしない、ということも可能だ。これについては第8章でより詳しく述べる。

すべての危険を除外できるか

「あなたはあなたの猫に安全でいてほしいですか？」と訊かれたら、猫好きならば誰でも「イエス」と答えるだろう。だが、昔から自由に人間の家に出たり入ったりしてきた猫のような動物にとって、完全に安全である、というのは難しい。猫が幸せであるために、私たちはすべての危険を除外して安全を最優先させるべきだろうか？　そのとおり、と言う人は多いかもしれないが、そうではない人もいる。猫が自立した存在であることを重視する飼い主は、外に出ることに伴う危険性と、飼い猫が生き方を選択する権利の重要性を秤にかけなくてはならないのだ。

なかには、自分の猫の身の安全がほんのわずかでも脅かされることが許せず、猫は常に家の中にいなければいけない、という人もいる。そうすることで猫が怪我をする危険性を減らすことはできるが、完全になくすことはできない。室内飼いの猫は、感染性のある病気を持っている猫と喧嘩することはないが、家の中に閉じ込められていることによって別の種類の危険性が生まれることがある。また、完全に室内で飼われている猫は、自分の周囲の環境をより綿密に調べ、特に関心の対象ではない物がトラブルを引き起こすこともある。室内に置かれた植物を齧るのがその例だ――何か草を食べる必要、あるいは単なる好奇心から、家の中にある唯一の植物を齧るわけだが、外に出られるならば決して近寄らないものである。屋外に出られる猫は、草や、家の中にあるのとは違う植物を食べる。それは薬なのかもしれないし、私たちが知らない他の理由があるのかもしれない。

危険性にもいろいろある。家の中にある危険で、ある程度は私たちがコントロールできるもの。屋外にある危険で、あまりコントロールが利かないもの。猫は、経験の浅い子猫のときは特に、好奇心が強いということがわかっているので、家の中にある危険性について考える必要がある。そのなかには、狭い空間に潜り込んでしまったり、高いところに上ったり、ということも含まれる。その空間が、洗濯乾燥機や洗濯機のように暖かかったりすればなおさら猫には魅力的だ。好奇心の強い子猫は、温かいガスレンジの上によじ登ったり、扉が開いている隙に冷蔵庫に入り込んだり、漂白剤や洗剤が置かれている戸棚に潜り込んだり、裁縫に使う針や糸で遊んだり、ときには電線を齧ることさえある。内猫や子猫は、鉢植えの植物や、猫には毒である百合などをはじめとする生花を食べることもあるし、高層マンションで飼われている猫は、鳥に気をとられて、バルコニーや開いている窓から落ちることもあるのである。

安全・安心な環境と猫がしたいことの食い違い

猫の飼い主は、常に注意を怠らず、家の中にある危険にも目を向けなければならない。だが、室内で飼われている猫にはそれ以外にも別の形の危険があり、それらは猫の精神面の健康と関係があることが多い。身体的な意味での危険性ほど重要ではないと思われがちだが、そうした危険性は、単なる安全性だけでなく、猫の幸福という文脈のなかで考えるべきだ。屋外での危険の原因には、猫、犬、人間、あるいは、ある時間と場所に運悪く居合わせたことによる事故、毒、病気や寄生虫などがある。一方家の中に存在する危険の原因には、猫が退屈したり、欲求不満だったり、変化を怖がったりすることが挙げられる。猫は、運動不足や、飼い主にあまりにも依存しすぎることが原因で太ることがあるし、家の中にも危険な状況はあるし、そしてもちろん、外に逃げ出したはいいが自立して生きていくための知識を持っていない、という場合もある。このことはまた、こういう場合のために、マイクロチップで身元がわかるようにしておくことの必要性を浮き彫りにしている。

飼われている家の周辺が、車や他の動物との遭遇によって怪我をする危険性が高い地区であったり、高層マンションで飼われ、外に出るのが不可能な猫もいる。だが、危険性がどのようなものであれ、猫はそのように行動を制約されるのを嫌がるかもしれない。それまで外に出ることができていた猫を室内のみで飼うのは猫が可哀想なので、室内で猫を飼う場合は、子猫のときから飼い始め、ワクチン接種と去勢処置が済んでも室内で飼い続けるほうがよい。一度も経験したことがないことについては、できなくなって不満を感じる可能性は低いからだが、それでも猫によっては、そういう飼われ方に欲求不満を感じる場合もある。

最近は、家の庭、あるいはその一部をフェンスなどで囲み、猫が、彼らにとって自然な行動をとれる環境にアクセスできるようにしてやる人もいる。これは非常に良い妥協策だ。

食べ物と飲み物

飼い猫は、お腹が空いたり喉が渇いたりすることはあまりないが、食べ物の好き嫌いははっきりしている。猫は栄養学的に必須の食べ物があり、ベジタリアンやヴィーガンにはなれない。猫は狩猟の能力を維持しており、外に出られる場合、必要あるいはそうしたければ、飼い主にもらう餌を自分で補完することができる。猫の感覚器官は、肉食であることに合わせて発達している（私たちが「甘さ」として知る感覚を猫は識別できない――猫が本来食べるもののなかには甘いものがないからだ）。もしかしたら、タンパク質の原料であるアミノ酸の組み合わせが、食べる獲物によって猫に異なった感覚を感じさせるのかもしれない。自分で選べるならば、猫は肉と脂質が多く、匂いが強く、やわらかさとカリッとした質感が混ざった食べ物を選ぶし、体温くらいの温度でそれを食べるのが好きだ。そして食べ物の味と匂いが、猫がそれを美味しいと思うかどうか、どれくらいそれを食べたがるかに影響する。つまり猫は、冷蔵庫から出したばかりの冷たい食べ物は好きではないし、バラエティを求める——ただし、ストレスを感じると、よく知っている食べ物しか食べなくなることもある（私たちが、具合の悪いときにトマトスープとトーストが食べたくなるのにちょっと似ている）。

そして、猫も私たちと同様に、健康に良くないもの、あるいは体質に合わないものを食べたり飲んだりしたがることがある。昔から猫には牛乳が与えられてきたが、子猫の時期を過ぎると、牛乳を消化する酵素が十分に産生されなくなり、牛乳を飲むとお腹をこわして下痢をすることがある。さらに、猫は餌をねだるのがうまいので、飼い主が餌を与えすぎたり間違ったタイプの餌を与えたりすると肥満や病気につながる可能性があることも忘れてはいけない。つまり私たちは、常に猫の要求に応えてやらなくてもいいのである！　ただし、猫が食べる餌の量が適量よりも多い、あるいは少ないときには、その原因が何であるかを知る必要がある。猫にとってとても美味しい餌が開発されているためにカロリーの過剰摂取が起こりやすいが、猫はまた、退屈だったりストレスを感じていると餌を食べることがあるのだ。私たち飼い主は、餌をコミュニケーションの道具に使い、餌をやるときに猫が私たちに向ける注目を求めるあまり、餌をやりすぎてはいないだろうか？　猫の体重が減っているとしたら、それは病気のせいか、それとも食べたがらない何らかの理由があるのだろうか？

それぞれに食べ物の好みが違う猫を二匹以上飼っている人は多い。好みがうるさく、ある特定のフレーバーやブランドの餌しか食べない猫がいるかと思えば、いつでも何でも食べ、野菜やポテトチップなど、普通は猫が食べないものまで食べる猫もいる。猫の食べ物の好き嫌いは、それまで何を食べてきたか、そしてそうした食べ物が何を想起させるかで決まる。なかには、必要な栄養を十分に摂取できるとは言えないある特定の食べ物に固執する猫もいて、それを変えさせるのは非常に困難だ。理論的には、猫が日常食べるものを変えたいときには、新しい食べ物を今食べているものに混ぜてその量をだんだん増やしていき、最終的には新しい食べ物に置き換えればよい。ウェットフードとドライフードのどちらも喜んで食べるようにしておくと、将来的に食餌に問題が起きたときに楽かもしれない。第2章で述べたように、餌の皿を置く場所も重要であることも覚えておこう。

健康で、疼痛や怪我を避けること

健康でいることは、人間と同様に猫にとっても天の恵みだが、そのためには、病気の予防、早期発見、治療、何かをするときに怪我をする危険性を最小限に抑えること、そして遺伝的に幸運であることなどの組み合わせが関与している。では、そのために私たちはどうすればいいのだろうか？　飼い猫に何が必要かを長期的に考え、事前に先のことを考えておけば、猫を最高の健康状態に保つのに役立つだろう。子猫の時代から高齢期まで（第2章を参照のこと）、すべての年代を通して決まった予防的健康管理を行うことで、猫ができるだけ健康でいられるようにすることができる。またそうすることで、健康問題が起きるのを未然に防いだり、病気を早期発見できる可能性を最大限にすることもできる。

健康と幸福への好調なスタート

生まれてすぐの生活が順調であることの重要さは軽視できない。健康でよく人間に慣れた子猫を選ぶことは、猫が健康的な生涯を送るための基盤である。「健康な」という言葉で私たちが意味するのは、身体的健康と精神的健康の両方であり、第2章で見たように、子猫時代の数週間は、猫がペットとして飼われ、人間と幸せに暮らすためにはとても重要だ。したがって、あなたが飼い始める前にその子猫がどんなふうに育てられたかを知ることが大切である。イギリスのさまざまな動物愛護慈善団体が、「ザ・キャット・グループ」として団結し、「子猫チェックリスト」と呼ばれる非常に役に立つガイドラインを作成している。これはオンラインで入手可能で、子猫を見に行く前に知っておくべきこと、見に行ってから尋ねるべきこと、注意して見るべきことについて書かれ、身体的な健康についてチェックすべき点や、生後すぐの重要な期間に人間と良い関係を持てたかどうか――それができている猫は、新しい飼い主であるあなたともリラックスして幸せに暮らせる――を確認する方法などが網羅されている。

ワクチン接種

インターナショナル・キャットケアが一九五八年に活動をスタートさせたのは、それまで、病気の猫を治療する方法がなかったためだ。猫に広がる伝染病があることを人びとは知っていたが、猫用のワクチンは存在しなかった。まだワクチンというものが開発されておらず、多くの人びと（特に幼い子どもや高齢者）がさまざまな病気で亡くなった医療の黎明期と同様に、伝染病が多くの子猫や成猫の生命を奪った。近年では、私たちはそうした伝染病について無関心と言っていい——それらは非常にうまく抑えられているからだ。新型コロナウイルス感染症のおかげで私たちは、防御策をとらなければ私たちは病気に罹りやすく、病気から護られていて当然だと思ってはいけない、ということを思い出した。だから、子猫には必ず、猫インフルエンザや感染性腸炎を防ぐワクチンを接種しなければならない。たとえあなたの猫が外に出ることがなくても同様だ——なぜなら私たちが、手や靴や洋服についた病原菌を家の中に持ち込むことがあり、ワクチンを接種していないと重症になるからだ。

これらの病気を予防するためのワクチンは、獣医の世界では「コアワクチン」と呼ばれている。それ以外の「ノンコアワクチン」は、感染症に暴露する危険性が本当に高く、ワクチンを接種することでそれが予防できる可能性が高い猫にのみ接種される。ノンコアワクチンが必要か否かは、その猫の年齢、ライフスタイル、他の猫との接触の有無などに基づいて判断する。あなたの猫にどのようなワクチンが必要かを必ず獣医と相談しよう。国によっては、狂犬病予防ワクチンの接種が義務づけられているところもあるし、人間と猫が安全に暮らすためにそうすべきであるさまざまな理由がある。生涯にわたってブースター接種を行えば、こうした病気で死ぬことはない。

ノミと寄生虫の駆除

猫の体調を万全に保つためには、寄生虫やノミを定期的に駆除することが有効だ——最近は、それ自体が美味しかったり、他の食べ物に混ぜることができたり、その他の剤形（たとえば、「スポットオン」と呼ばれる、首の後ろの皮膚に塗るタイプ）など、投与しやすいたくさんの製品が販売されており、猫にノミや寄生虫がつかないようにするのが以前より簡単になっている。外に出て狩りをする猫は、食べた獲物から寄生虫がつきやすいため、特にこの処置が必要だ。

良い食生活

猫がベジタリアンやヴィーガンになれないことはわかっており、猫の健康を保つためには、肉が入っている餌を食べさせる必要がある。幸い、さまざまなペットフード会社が、猫が健康でいられる餌を販売している。バランスのとれた餌を家で手づくりするのは非常に難しく、栄養不足につながりやすいので、おそらくは、ペットフード会社が行った研究を頼りにするほうがバランスの良い食餌をさせやすいだろう。

去勢と避妊

猫は繁殖力が高い動物だが、繁殖は、特定の行動の原因となり、また健康問題が起きる危険性を高める。去勢・避妊の処置をすればこうした危険性はなくなり、猫をペットとして飼うのがずっと楽になるし、子猫の里親を探す責任も回避できる。仲が悪い猫を一緒に飼うと、喧嘩によって怪我をする可能性が高い状況に猫を置くことになる。あるいは、去勢処置をしていない猫を他の猫と一緒に同じ場所で飼うと、喧嘩が起きる危険性が高まる――ホルモンが引き起こす縄張り争いに喧嘩はつきものなのだ。去勢処置されたオス猫は家からあまり離れず、他の猫と衝突したり事故に遭ったりする危険性はずっと低くなる。

注意を怠らないこと

私たち人間は、乳幼児健診から中高年時の健康診断、そしてその途中のさまざまな検査まで、人生の各段階で医師による健診を受けるのが当たり前になっている。猫も同じである。第2章で猫の各ライフステージと、そのそれぞれにおける最良の世話の仕方について考察したとおり、猫も私たちと同様に、各ライフステージでの健康診断が必要だ。猫の病気を予防したり、病気や疼痛に気づいて治療してやるのは私たちの責任だ。

病気の兆候に気づくこと

定期的にワクチンを接種し寄生虫を駆除しても、人間と同様に猫も具合が悪くなることはある。猫の場合、病気の兆候は非常に微妙でわかりにくいことがある。猫が食べたものを吐いたり下痢をしたりすればそれは一目瞭然だが、ほとんどの場合、猫はただ普段より少しおとなしくなり、不活発で動作が遅くなったり、元気がなくてだるそうだったりする。普段のように餌を食べず、どこかに隠れようとすることもある。

体重が減ることもあるので、健康なときの体重を知っておくことも役に立つ。あなたの猫の理想体重がわかれば（獣医と確認しよう）、猫の体重が減っているか、それとも増えているかが判断できる。また、体重の減少について考えるときは、その猫の大きさを考慮しなければならない。猫は体重がそんなになく、数百グラム減っただけでもかなりの割合になる。つまり猫の体重は猫に合わせて考えなければならないのだ。

その他の目に見える兆候としては、目や耳や鼻からの分泌物、体毛が汚れていたり束状になっている（身体にぴったりついてなめらかで艶がある状態ではなく、毛が立ち上がって艶がなく、束状にかたまっている状態）、痒がる、寄生虫がいる、歯茎が白っぽかったり黄色っぽかったりする、息が臭い、糞や尿に血が混ざっている、などがある。行動の変化としては、食べる量が少なかったり、飲む水の量が増えたり、動いたりジャンプしたりしたがらない、などがある。外に出る猫の飼い主は、その猫が家の中で排泄しない限り、尿の量がいつもより多かったり少なかったり、便秘をしているようだったり、便や尿に血が混ざっていたりするのを見落とす可能性がある。これは人間の膀胱炎にあたる病気に罹っている猫に起きやすく、そういう猫は家の中のあちらこちらに少しずつ排尿しようとする。膀胱炎に罹ったことがある人なら、尿路と膀胱が炎症を起こしているために常に排尿したいという状態が理解できるだろう。

病気の猫はまた、前かがみでおとなしい。私たちはよく、自分の猫の何かが正常でない、と感じることがある。そういうときにはその感覚を信頼して、何が起きているのかを明らかにすべきだ。自分の猫の正常な行動を知っていることが重要なのはこのためだ——ごく微妙な兆候が察知でき、大きくてあからさまな兆候が表れる前に問題を発見できるからである。

痛みの兆候に気づくこと

猫は人間と同じように痛みを感じるが、それに対して人間と同じような反応はせず、そのことが何よりも猫自身に災いすることがある。猫は協力して狩りをせず、弱っているときに仲間と助け合うことをしない動物であり、また自分自身が狩られる可能性もある小型動物なので、痛みの兆候を見せれば、仲間の助けが得られないばかりか、弱さがあらわになり、捕食動物の餌食になりやすくなるのである。科学者たちは近年、猫の顔の表情とボディランゲージを研究して、非常に微妙ではあるがいったんそれを見分けられれば人間が猫の健康や感情により敏感になれる、そんな変化を明らかにしようと試みている。痛みを示す兆候は病気を示す兆候に似ていると言っても驚くにはあたらないだろう——グルーミングをする時間が減ったり、痛みの原因と思われる部位にグルーミングが集中したり、あるいはただじっと座ってグルーミングばかりしていたりする（痛みを感じている猫が喉をゴロゴロ鳴らすこともある）。その部分への接触に敏感になり、飼い主を遠ざけたりニャーニャー鳴いたりシャーッと言ったり唸ったり、いつもの陽気な鳴き声とは違う声で鳴いたりすることもある。

病気の猫はあまり動き回らず、活発でなくなり、無口で内向的になり、どこかに隠れてしまうこともある。もちろん遊びたがらないし、餌も食べなかったり、あるいは特定のものしか食べなくなることもある。家の中で排泄してしまったり、猫トイレの外に漏らしてしまうこともある。歩き方がおかしくなることもあるし、動いたり跳び上がったり二階に上がったりしたがらないこともある。つまり、普段していることをしなくなるということで、それが飼い主に、どうも何かがおかしいと気づかせるのである。あるいは、普段は人なつこい猫が人とのコミュニケーションや撫でられるのを嫌がり、人間を避けるようになることもある。緊張しているように見えることもある。科学者たちはどこかが痛いときの猫の顔の表情を研究し、そのことを示す特徴を明らかにしている——目を細めたり、耳を後ろに寝かせたり、鼻口部が緊張して、ひげはゆったりとカーブした状態ではなく、顔の横側から外向きにまっすぐ伸びたりするのである。グーグルで「feline grimace scale」を検索すると、そういう猫の表情が出てくるので、自分でそれを判別できるようになるだろう。

獣医による診察のストレスと怖さを最小限にすること

猫を飼っている人なら誰しも、自分の猫が何かを怖がったりストレスを感じたりしているとは思いたくない。本書の前半では、家の中で飼い猫が安全と感じるために私たちにできることや、そもそも怖がりではない猫に育てるにはどうしたらいいのかについて考察した。ペットを飼うからには、獣医に連れていき、健康を保てるようにしなければならない。それを嫌がる人が多いのは、猫をキャリーバッグに入れるのは大変だし、猫は車に乗るのを嫌がるし、動物病院の待合スペースにいる犬をとても怖がるのがわかっているからだ。

インターナショナル・キャットケアはこの分野でも先駆的な取り組みを行い、「キャット・フレンドリー・クリニック［訳注／猫に優しい動物病院の意］」（アメリカでは「キャット・フレンドリー・プラクティス」）という仕組みを開発した。これは、動物病院に猫を連れていくのは独特の難しさがあるという事実に基づき、猫のニーズを理解することで高い水準のケアを猫に提供しようとするものだ。たとえば、犬のいない待合スペースを設けること、そっと優しく、注意深くかつ敬意をもって猫に近づき治療にあたること、静かでくつろげるスペースを病院の中につくること、猫用に改造した診療機器を使うこと、などが挙げられる。キャット・フレンドリー・クリニックとしての認定には、受付係、看護師、医師のすべてが関係している。認定されたクリニックにはまた、少なくとも一名の「猫専任スタッフ」がいる――猫に優しいクリニックであるための基準が守られていることを確認し、飼い主の心配事の相談に乗る係である。猫を病院に連れていくことの難しさは認めないわけにはいかないが、そのせいで病院に連れていくのを遅らせたり避けたりして猫の健康に影響が出れば、それは飼い主が無責任なので、猫の世話に熱心なスタッフがいるキャット・フレンドリー・クリニックが見つかれば飼い主は助かるし、猫にとっても良いことだ。動物病院は、猫が怖がる場所ではなく、猫とその身体的および精神的な健康の維持に熱心な人たちのいる、快適な場所であるべきなのだ。良い動物病院は、喜んで自分たちの取り組みについて話してくれるだろう。

これはまた、必要に応じて猫に薬を与える際にも言えることだ。飼い主は（私自身も含めて）猫に錠剤を飲ませるのが下手で、獣医もそのことを承知している。最近はさまざまな投薬方法が考案されていて、猫に薬を飲ませるのが楽になり、その結果、治療薬をしっかりと投与できるだけでなく、無理やり飲ませることで猫と飼い主の関係が損なわれたりしないようになっている。インターナショナル・キャットケアによる、「飲ませやすい」薬という概念についてのアンケート調査の結果は、治療の期間中、薬を飲ませることが飼い主に対する猫の反応の仕方に影響し、猫に快適さと安心を提供したいのに猫がどこかに隠れようとするのでとても困ってしまう飼い主が多いことを示していた。もしも薬を食べ物の中に隠すことができたり、猫が好きな味だったり、あるいは皮膚に塗ることができれば、猫はそれが薬であることに気づかず、ストレスに感じるのを防げるかもしれない。

人間といて「淋しくない」こと

人間は社会的な動物である。ほとんどの人は周りに人がいないと物事がうまくいかないし、淋しいというのは良くないこと、と私たちは考える。私たちにとって淋しさとは、自分以外の人と触れ合ったり関係を持ったりすることで生まれる感情が不在の状態だ。だが人によって必要とするものはさまざまだ――人とほとんど接触を持たず、一人で暮らすのを楽しむ人もいれば、集団で暮らしていても、自分の価値が認められず、大切にされていると感じなければ淋しいと思う人もいる。ただし、猫の例で見たように、重要なのはそれが自分の選択であるということなのだ――一人でいることを自分で選んだのなら私たちはそれで幸せかもしれないが、人とのコミュニケーションを渇望しているとしたら、それができないときには淋しいと感じるかもしれない――独房に監禁されるのを処罰と感じるように。人間の場合、淋しさとはネガティブな感情と結びついた複雑な感情である。

だが、猫もこれと同じであると思い込んではいけない。仕事で外出するときに飼い猫を家に置き去りにすることに私たちは罪の意識を感じ（新型コロナの流行以降、在宅勤務が増えた後では特にそうだ）、猫が孤独を感じたり仲間を必要としたりしていなければいいが、と思う。そう考えるのが間違っていないことは、帰宅すると猫が門のところで待っていたり、尻尾を高く上げて喉をゴロゴロいわせながら走ってきたりすることが証明しているはずだ。もちろん私たちはそれが嬉しく、猫は一日中自分を恋しがっていたのだと思い込む。

私たちは自分の猫がいないと淋しく思うが、猫は私たちがいないと淋しいだろうか？　その答えを見つけるのはかなり難しいことではあるが、努力は行われている。猫の良いところのひとつは、私たちが外出するときに家に置いてきぼりにしても、犬の多くが分離不安を感じるのとは違って、猫はそれなりに幸せであるらしいということだ。飼い主と離れ離れになることが猫に与える影響については研究が行われている。研究者らは、主に室内で暮らす飼い猫（完全に室内飼いでない場合は、飼い主の監視のもとで外に出る猫）で、いつでもドライフードを食べることができ、餌をもらうために飼い主の帰宅を待つ必要がない（したがって彼らの反応はお腹が空いていて餌をもらったときの反応とは関係ない）猫を調査の対象に選んだ。すると猫は、飼い主が四時間留守にしたときは、三〇分しか留守でないときよりも寝ている時間が長かった。これはつまり彼らがストレスを感じていないことを示唆している。だが、四時間留守だった飼い主が帰ってきたときには、三〇分留守だったときと比べて猫はもっと喉をゴロゴロいわせ、たくさん伸びをした。第1章で見たように、喉をゴロゴロ鳴らすのは、猫がかまってもらいたかったり注目してほしかったりするしるしであることがあるので、飼い主が長い時間留守だった後のほうが喉をたくさんゴロゴロいわせるのは、猫がかまってほしがっていること、そしておそらく、飼い主が帰宅していつもの日常が戻ってきたのが嬉しいということを表しているのかもしれない。

それは、静かなゴロゴロ音だったのだろうか、それとも先述した、何かを要求するゴロゴロ音だったのだろうか？　伸びについてはどうだろう？　伸びをすることについてはここまで言及しなかったし、誰かを出迎えるときにする行為とは考えられておらず、もしかするとそれは単に、寝ている時間が長かったので再び動くようになるための準備運動なのかもしれない――猫は、ストレッチをして、その驚くほど機敏な身体がなめらかに動くようにするのが得意なのである。

ある人が猫にとってどれくらい重要かもまた、こうしたさまざまな要因によって決まる。猫は周囲で何が起きているかを知りたがる――猫は「仕切りたがり屋」で、どこに何があるか、ドアは開いているかどうかなどを知りたがり、その日一日の予定が決まっていれば安心するし、それが変わるとちょっと不安になるようだ。だから、たとえ猫がよそよそしくて、人間と物理的なコミュニケーションをとりたがらなくても、毎日同じことが繰り返され、餌と寝るところを提供してくれる人間が近くにいることで安心するのかもしれない。そしてもちろん、猫が通常どんな生活を送っているかも大きく影響する。前述した研究では、完全な室内飼いの猫、または制限付きで外に出る猫が調査の対象に選ばれた――つまり彼らの生活は、自由に外に出られる猫が屋外ですることに夢中で飼い主が家にいないことに気づきさえしない可能性があるのに対し、飼い主の在・不在による影響が大きいということだ。室内飼いの猫は、その日やりたいことがあるのに長時間放っておかれると退屈し、何かしようと飼い主を待ち構えているのかもしれない。

実際には、猫はおそらく暖房器具かベッドの上の暖かい場所を見つけ、日向や暖かい場所を追うようにして時折移動しながら午後中ご機嫌に眠って過ごしたり、おやつを食べたり、たまにトイレを使ったり、外に出て縄張りを見回ったり狩りをしたりして過ごした可能性が高い。あなたが餌を置いていかず、餌を食べるためにあなたの帰りを待たなければならないとしたら、猫はあなたの帰宅を熱狂的に迎え、餌をもらえるまで追いかけ回すだろう。

人間にかまわれるのが好きな猫は多い。ほとんどの猫は非常に適応力が高く、喜んで人間と同居し、猫と人間の両方の都合に合わせた親密な関係を築く。かまってほしいときには積極的にそれを求め、ニャーオとかルルとか言いながら私たちの身体の届くところに自分の身体をこすりつけたり、尻尾をまっすぐ上げて走ってきたり、私たちの膝にドスンと乗っかって大きな声でゴロゴロいったりして私たちにそれを要求することも多い。その後何が起きるかは、人間と猫がそれによってどれくらい満足感を得られるかによる。かまってもらいたいというニーズがとても大きくて、人間が大好きな猫もなかにはいる——たとえば、シャム猫やバーマンなど、子猫のときに人間としっかり触れ合ったいくつかの純血種の猫に多い。かと思えば、いつ、どこで、どれくらいの時間、人間に注目され触れ合いたいかが限られている猫もいる。

猫の生来の日周リズムは非常に柔軟で、夜明けと日暮れどきに非常に能動的かつ活発に動くことができる——それで彼らはよく、私たちを早朝から起こしたがるのだ。どんなときであれ、彼らの要求に対して私たちがどう応えるかが、将来的に猫が私たちに対してどう行動するか、私たちがお互いから何を学ぶかに影響する。だからといって、猫の求めるままに夜も明けないうちから起きて彼らをかまってやる必要はなく、彼らの行動の動機を理解して、単純な反応を返すか、あるいは、無視すべき要求は一貫して無視し、そうでない要求はきいてやればよい。

他の猫との共同生活

野生の猫が現在のイエネコに進化した過程を知ると、イエネコは、祖先である野生の猫ほど単独行動を好むわけではなく、他の猫や私たち人間とも強いつながりを持つことができることがわかる。これは「社会的柔軟性」と呼ばれることがある。動物福祉に関連して私たちが口にする「五つの自由」のひとつは、自分と同じ動物種、または種の違う動物と、一緒にいるか離れているかを選ぶ自由だ。猫一般について書き、猫が求めているものを正確に示そうとしても、猫は個性がさまざまなため、一般論を書くのが難しい。だから、ある猫が他の猫とどんな関係を欲しているのかはよくわからないのだ。犬や人間と違い、猫が群れや集団の一部であることを必要としてはいないということや、猫の本能の多くは、縄張りを護る必要性から、自分以外の猫を遠ざけようとするものであることはわかっている。たとえある猫と仲良くしていても、他の猫とも仲良くなるとは限らない。考えてみれば猫を飼う人は、（私も含めて）往々にして多頭飼いし、それらが縄張りを共有することを期待する。必要なのは、あなたの猫がどこまでを許容できるか、あなたが猫を飼っている環境が猫に十分なスペースを与えられるか等々を理解する——つまり、猫が何を求めているかを理解することだ。ただし問題は、その答えは実際に別の猫を飼い始めるまでわからないかもしれないということである。

家と庭を自由に出入りできる猫にとっては、自分のスペースを見つけるのは難しくない（ただし、猫の密度が高いところでは、猫は互いの家の庭にやってきてその縄張りを侵すこともある）。内猫のなかには、他の猫から離れられないことにフラストレーションを感じたり、その猫と衝突する猫もいる。そしてそれが、飼い主が「問題行動」と呼ぶ行為につながることもあるのだが、猫にとってそれは、自分が置かれた状況に自分なりに対処しようとする自然な行動なのである。そうした行動は、尿スプレーや猫トイレの外での排尿から、防衛的で（攻撃的に見えることも多い）リラックスできない状態までさまざまで、長期間のストレスが健康に悪影響を及ぼす可能性もある。

自然に振る舞えること

私たちは動物にとって自然な行動について口にするが、動物が何かをするときの動機を本当に理解しているだろうか？　私はそうは思わない。それが「自然な」ことだと考えても、なぜ彼らがそれをするのか、またもしそういう行動をとれなくすることで彼らをどんな苦境に立たせてしまうかを、私たちは必ずしもわかっていないのだ——それは彼らにとって本当に必要なことなのである。餌を与えるからといって、それは猫の狩猟本能を取り除くことにはならないし、猫が狩りをしないからといって、爪を尖らせておくという強いニーズがなくなったわけでもなく、毛のない猫や飼い主がブラッシングしてやる猫が自分でグルーミングをする必要がなくなるわけでもない。では、猫にとって「自然」だと考えられる行動とは？　たとえばそれには、グルーミング、排泄、爪をとぐ、狩りをする、必要なら縄張りを護る、眠る、気が向けば社交的になることなどが含まれる。

グルーミング

グルーミングは、猫になくてはならない行動のひとつだ。私たちはそれを当たり前と思い、清潔で臭くないペットと暮らすという恩恵に与っている。また、健常な猫にとってグルーミングは重要な行為であり、グルーミングをしないということは、その猫がうつ状態にあるか病気であるしるしであることもわかっている。そこで、猫がどのようにグルーミングするかを観察し、なぜ彼らがグルーミングするのか考え、グルーミングが持ついくつかの機能について理解することが大切だ。猫は、舌（猫の舌には後ろ向きに棘のような突起があり、餌を食べるときに使われるが、これは体毛を整えるのにも欠かせない）と歯を使ってグルーミングし、絡まり合った毛を取り除く。歯を使って指の間を掃除し、すり減ったり剝がれかけた爪を齧りとるのもよく見かける。

●清潔を保つためのグルーミング

猫にはグルーミングをする強い衝動がある。おそらくは、こっそりと獲物を狙うときに強い体臭がしないようにグルーミングによって体毛を清潔に保つのだと思われるが、同時に、猫の体毛は非常に敏感で、その動きが周囲の情報を捉えて猫に伝えるということも思い出そう。体毛は貴重で繊細な必需品なのだ――もしも体毛が絡まったりかたまったりしていると、そこから得られる情報が欠落したり間違っていることがある。グルーミングはまた、皮膚の皮脂腺から出る皮脂を体毛に塗り広げて、体毛を健康に保ち防水効果を与える――身体が濡れて冷たくなるのは良い生き残り戦略ではないからだ。またグルーミングはその猫の匂いを体毛に広げる――尻尾を付け根から後ろ脚に沿って下向きにグルーミングすると、匂いによる情報伝達において重要な役割を果たす肛門腺からの匂いが広がるのだ。暑いところでも猫は犬のように息が荒くなることはなく、舐めて体毛についた唾液が蒸発して体温を下げる。

母猫は、生まれたての子猫のグルーミングをしてやらなければならない。これは単に子猫の体毛や皮膚を清潔に保つだけでなく、子猫が成長して寝床を離れ、自分で用を足せるようになるまで、排尿や排便を促す刺激を与えるためでもある。またそうすることで寝床も清潔に保たれる。

グルーミングを覚える子猫は、最初のうちはかなり不器用だが（子猫のときに十分に世話をされないと、成長してから自分でグルーミングをするのが下手なこともある）、生後二週間目で前足を舐めることから始め、次第に身体全体をグルーミングするようになる。成猫になると、起きている時間の半分をグルーミングに費やして、体毛の絡まりを防ぎ、古い毛やふけを除去し、ノミや寄生虫の駆除をしてくれる飼い主がいる幸運な猫でなければ自分でそれらを取り除く。

猫はまず、前足を数回舐めて唾液をたっぷり塗りつけ、それからその前足で首や後頭部、耳、そして顔全体をこする。円を描くように前足を動かし、それがなめらかに行えるように頭と首を低くすることも多い。次にもう一度前足を舐めて唾液を補充する。こんなことで頭部を清潔に保てるというのには驚くが、実際に効果があるのである。それから猫は、前脚全体を舐め、続いて後ろ脚と尻尾を舐める。体毛が汚れ、急いで取り除いてきれいにしなければならないものがある場合は別として、普通は左右対称かつきちんと順番にグルーミングしていく。グルーミングをするのは寝て起きたときが一番多く、また食べた後に口の周りを舐めてきれいにする。身体のすべての部位を舐めるため、猫はとても変わった姿勢をとることができるが、そのためには高齢になるまで身体の柔軟さを保ち続けることが必要だ。実際、非常に高齢の猫になると、体毛の手入れがおろそかになることでその年齢がわかるようになる。

グルーミングの必要性は、猫に三日間グルーミングをさせないでいると、その後の一二時間、グルーミングをする時間が普段より七〇パーセント多くなるという研究の結果が浮き彫りにしている。このことは、怪我をしたところに触らないように猫にプラスチックのエリザベスカラー［訳注／アニマルネッカーともいう］を着けさせる前に考慮すべきだ――グルーミングしたいという猫の欲求は非常に強いに違いなく、長期間にわたってカラーを着け、その間まったくグルーミングができないというのは、かなりのストレスであるに違いない。小さめでやわらかい材質のカラーを使ったり、飼い主が一時的にカラーを外してグルーミングをさせてやったりすれば（もちろんその間、治療中の傷を舐めさせないようにする）、猫はとても喜ぶし、グルーミングができないことによるストレスが減ることで怪我の治りを助けるだろう。

猫はグルーミングに膨大な時間を費やし、体毛と前足を清潔に保つという本能は、猫が普段食べたり飲んだりしない有毒なものを口にするのを避けるという通常の感覚よりも優先されるようだ。あいにく、グルーミングをすることで、有毒物、あるいは腐りやすいものを猫が飲み込んで消化したり、口内の組織を傷つけたり、毒が消化器系に送られたりすることがある。たとえば、ペンキ塗りたてのフェンスに身体をこすりつけた後にクレオソートのような有毒物質を舐め取ったり、不凍剤やペルメトリン入りの殺蟻剤など、有毒なものの上を歩いた後に前足をグルーミングしたりする場合だ。猫が毒に過敏であるということは、猫を飼っている人なら知っておくべきである。たとえば、春になり、人びとが自宅のベランダを塩化ベンザルコニウム入りの洗剤で洗った後できちんと洗剤を流さないでおくと、猫が毒にやられるケースが次々に出る。ベランダが乾く前に猫がその上を歩いたり、雨が降ってベランダが再び濡れ、きちんと洗剤が洗い流されていないために前足に洗剤がつき、その足をグルーミングすることで具合が悪くなるのだ。猫は前足や体毛から環境汚染物質をグルーミングして舐め取るので、その環境がどれくらい汚染されているかを推定するのに役立つのではないかと言われている——使われていない場所や放置された場所に棲む野良猫がさまざまな物質を体内に取り込み、検体として採取した体毛に含まれるそれらの量を計測できる場合には、これはうなずける。

●コミュニケーションのためのグルーミング

仲が良い二匹の猫は、よくお互いに舐め合ったりグルーミングし合ったり、互いに身体をこすりつけあったりする。猫が他の猫を舐めることを「アログルーミング」といい、猫は主に頭と首の周りを舐め合う——自分で舐めるのが一番難しい場所だ。自分の頭を別の猫の頭や身体にこすりつけたり、身体全体をこすりつけたりすることを「アロラビング」といい、こうすることで猫は体臭を共有・交換し合って、集団として共有する匂いを形成すると考えられている。

猫がグルーミングをするのは仲の良い相手だけだが、通常は、より支配的あるいはより上位の立場にいる猫が、下位の猫をグルーミングするようだ——ちょうど母猫が子猫をグルーミングするように。動物行動学者は、猫について「支配的」とか「上位の立場」という言い方を非常に嫌う。なぜなら猫には、犬のようにきちんと構成された社会構造がないからだ。だが、複数の猫を飼っていると、そのうちの一匹が他と比べて喧嘩で引き下がろうとしなかったり、自分が欲しいものがはっきりしていてそれを手に入れることに自信があったり、自分がしたいことを推し進めるために他の猫をいじめたりさえするように思えるかもしれない。それがグルーミングを行う猫だ。グルーミングされるほうの猫はとても気持ちよさそうなので立場が逆であるべきな気もするが、もしかするとそれは猫同士の、相手を受け入れることを示すしるしなのかもしれない。

●グルーミングをするそれ以外の理由

たとえばソファの背から落ちるといった不格好なことをしたり、何かにびっくりしたり、一瞬混乱したりすると、猫はよく、動きを止めて気を取り直し、恥ずかしい思いをしないためにグルーミングする（人間の勝手な解釈かもしれないが）。グルーミングはまた、他の猫と喧嘩をした後の緊張をほぐすのにも役立つ。対立している最中、あるいは緊張しているときにグルーミングをするというのはおかしいと思うかもしれないが、これは置き換え行動と考えられ、どうやら猫を落ち着かせるらしい。ストレスを感じ、対応の仕方がわからない猫は、ときにグルーミングが行き過ぎて、毛が抜けてところどころが禿げてしまうこともある。

グルーミングがそれほど猫にとってなくてはならないものならば、私たちはその効用を知り、グルーミングを妨げないように注意すべきである。同時に、なぜ私たちは、ほとんど、あるいはまったく体毛のない純血種をつくったのか、という疑問も浮かぶ——棘のある舌は、体毛によって護られていない皮膚にどんな影響を与えるだろうか？　皮膚にある皮脂腺が、体毛に塗り広げて防水性を持たせるために産生した皮脂はどこにいくのだろう？　体毛のない猫は、どうやって自分を落ち着かせるのだろう？どうやって寒さを防ぐのだろう？　おそらく彼らは暖かい家の中で、完全に室内飼いされているのだろう——それとも飼い主はそれを口実に、彼らに服を着せるのだろうか？　体毛がない猫は、ひげもないか、あるいはひげが曲がっている——これは猫が、主要な感覚器官のひとつを失ったことにならないのだろうか？

これとは反対に、なぜ私たちは、自分で手入れができないほど体毛が長くて下毛の多い猫を育種しているのだろう？　たとえばペルシャ猫の体毛はとても長くて、グルーミング中に舌が毛の先端まで届かないだろうし、下毛は密集しすぎていてグルーミングのしようがないだろう。こういう体毛はまた、もつれやすいのではないだろうか？　気候が温暖な時期には暑すぎはしないか？　猫は、寒いところに暮らしていたときにより長い体毛を発達させたわけだが、それにしても、自分で毛をつくろい、体毛を清潔で乾燥した状態に保たなければならない。下毛が絡まり合っていると、おそらくは防水性もないし、むしろ湿気を吸収して濡れたウールのように収縮し、皮膚を傷めてしまう。もつれた下毛が皮膚を引っ張り、おそらくは皮膚が炎症を起こせば、猫にとっては拷問に違いない。長毛種の猫は飼い主がグルーミングするから大丈夫なのだと思いたいかもしれないが、グルーミングをすることが飼い主と猫の関係を脅かす状況に至る人は多い――猫はグルーミングされるのを避けようとし、飼い主は必死で猫の毛の絡まりを解こうとするのである。多くの人は、飼い猫に痛い思いをさせず、かつポジティブな経験と感じるようなグルーミングの仕方を知らないし、そのための時間も忍耐も持ち合わせない。グルーミングは闘いとなり、猫と暮らす喜びが損なわれてしまう。結局、動物病院で毛を剃ることになる猫も多い――自立して生きる猫にとって、体毛を剃られなければならない（そしてそのためにおそらくは鎮静剤でおとなしくさせられる）というのはひどい話だ。体毛が絡まり合ったり剃り落とされたりすると、前述したような、体毛が猫に与える恩恵がすべて失われてしまう。私たちは、自分で自分の面倒を見られない猫を育種していいのだろうか？

トイレの場所

猫が排泄に関して非常に神経質であることを私たちは知っている。猫が素晴らしいペットである理由のひとつだ。母猫は、子猫が生まれてすぐの非常に早い時期に、寝床から離れたところ、または家の中の猫トイレで排泄することを教え、子猫は母親を見てそれを覚える。砂を掘ったり排泄物に砂を被せたりするのは本能だ。つまり猫は、穴を掘って排泄し、上から砂を被せられる、安全でアクセスしやすい場所が欲しいのである。だから猫トイレを置く場所は重要だ（第2章を参照のこと）。猫が、家の中の、排尿してほしくない場所で排尿するようになったら、それには何か理由がある。トイレの掃除は頻繁にしているか？　安心して使えない場所にトイレを置いてはいないか？　気に入らない猫砂は他の砂に替えたか？　具合が悪かったり、何かについて脅威または不安を感じたりはしてはいないか？　猫の粗相は、悪意があってしているのでも、意地悪やいたずらでしているのでもない。その理由を突き止められるかどうかは私たち次第だ。

爪とぎ

我が家の猫は、家の中でも外でもさかんに爪をとぐ。猫の爪は驚くような構造になっていて、人間の爪よりはるかに複雑だ。猫の爪はつま先の骨の先端と靭帯によって結ばれていて、普段はほとんど見えない。猫が歩くとき、寝ているとき、リラックスしているときは、鋭い爪は皮膚の中に引っ込んでいる。それによって猫は音をさせずに歩くことができ、鋭い爪の先が何かに引っかかったり鈍くなったりしないのである。普段は爪は格納されているが、猫が爪を使いたいときには、足先の筋肉と腱がつま先の骨を引っ張り下げ、それによって爪は外に押し出されて一直線になり、爪はしっかりと固定される。爪が外に出ている状態から引っ込めるのは自動的に起きるが、爪を出すのは意識的な決定だ。爪の根元は神経がたくさん走っていて、爪がどれくらい出ているか、またその左右の動きを猫に教える。猫には自分の爪がどういう状態にあるかがよくわかっていて、爪はとても敏感である。猫の爪は多くの情報を猫に伝え、たとえば人間に対しては、狩りの際の獰猛な使い方と比べてずっと繊細な使い方もできる。こうしたことをすべて考えると、猫の爪を抜くというのがいかにひどいことであるかがよくわかるだろう。足の裏の敏感な肉球は、猫が音を立てずに動くのを可能にすると同時に、触れた物の質感や振動を察知する。

また爪と肉球は、猫が持っている他の身体的特徴と同様に、複数の機能を持っている。爪は狩りをしたり木に登ったり身を護ったりコミュニケーションをとったり（引っ掻いた跡は目に見える印を残すし、引っ掻いている間に足先の臭腺から分泌される匂いが拡散される）するのに使われる。繰り返すがこれは、猫の武器を常に最高のコンディションに保つための本能的な行動であり、猫にはこうした行動をとれる場所が必要だ。

外に出る猫の場合、木製の柱や木など、適当な深さまで爪を差し込み、それから下に引っ掻いて、爪の外側の層を剝がし、ぴかぴかで鋭利な新しい爪を露出させられるような、爪をとぐのに適した物があるかどうかはわからない。外に出る猫も家の中で爪をとぐことはある――外に出られるからといって室内では爪をとがないという保証はないのである。したがって外に出ない猫には、爪をとぐ場所が絶対に必要だ。爪とぎはまた、縄張りの印をつけるという行為でもある。これは猫にとってはやはり非常に重要な行動なので、私たちは、猫にとっての爪とぎの必要性を軽く見てはいけない。ところが世界中の各地で、家や家具が猫にとっての幸せより重要視され、猫の爪が除去されている。これについては第7章でさらに詳しく述べる。

狩りと遊び

第1章で見たように、猫は数百万年の昔から、見事なハンターとして自然界で発達してきた。母猫は、非常に早いうちから子猫たちに狩りを教える――生後四週間ほどになると、傷ついた獲物を寝床に持ち帰って狩りの腕を磨かせるのだ。

お腹が空いていてもいなくても、猫が狩りをするという事実は、狩りという行為がどれほどしっかりと猫の本能に染み付いているかを示している。自分の知恵と才能に頼って生きているとしたら、食べ物を得るチャンスを見逃すわけにはいかないので、何か動くものを見ると自動的に、獲物を捕るための行動が引き起こされるのである。獲物を捕る試みの成功率は、どうやらわずか一〇パーセント程度にすぎないらしく、人間に餌をもらわない猫は、生き残るために多大な時間を狩りに費やさなければならない。

この狩猟本能は、私たちが猫と遊ぶときに役に立つ――床に引きずった紐や鳥の姿を真似たおもちゃに猫が飛び付くのはこのせいだ。ペットの猫の場合、狩りをすることにあまり興味を示さなかったりあまり獲物を捕まえなかったりすることもあるし、あるいは熱心に狩りをすることもある。遊びは狩りに密接につながっていて、猫が、その感覚器官や、獲物の位置を特定し、捕まえて殺す自分の能力を発見して使えるようになるために重要である。では、たくさん遊ばせれば猫は狩りをする必要がなくなるのだろうか？　たしかなことはわからないが、こうしたさまざまな能力を遊びのなかで使うことで、猫は精神的にも肉体的にも狩りにまつわる才能を発揮しているのだと思いたい。仮にそうならば、猫を飼っている人のほとんどは望まない飼い猫の狩りを減らし、そのエネルギーのはけ口ができることで猫の健康と幸福度が増すのを手助けしてやることができる。

おもちゃで遊んだり、獲物で遊んだり――私たちは、猫といえば遊びを思い浮かべる。遊びと呼べる行動と捕食行為を区別するのは難しい。なぜなら猫は、狩りをしていないときでも、他の猫や物を相手にしていろいろな遊び方をするからだ。猫は毎日家の中で遊ぶのに、彼らがなぜ、またどうやって遊ぶのか、実は私たちはあまり知らない。遊びについては第8章でさらに詳しく述べる。

睡眠

状況にもよるが、うたた寝から深い眠りにいたるまで、猫ほど眠るのがうまい動物はいない。ネコ科の動物は一日の六〇パーセントを寝て過ごすことがある。他の哺乳動物のほとんどと比べて二倍にあたる時間だ。ライオンは、獲物を貪った後は数日間にわたって活動が鈍り、長時間眠って過ごす。草食動物が、必要なエネルギーを得るためには一日中草木を食べ続けなければならないのに対し、肉はカロリーも栄養もたっぷりである。肉食動物は、餌となる獲物を捕まえるために費やすエネルギーも大きいが、食餌と食餌の間にはゆっくりと休んで食べたものを消化することができるのである。私たちが飼っている猫はと言えば、餌は飼い主から十分に与えられているので、寝る時間がたっぷりあるのだ。

飼い主の日中の生活パターンに合わせ、昼間飼い主が留守の間に寝て、飼い主が家にいる朝と夜は活発に行動する猫も多い。週末にはいつものように、短時間うたた寝をし、夜は、必要なら飼い主が近くにいることに安心してより深く眠る。

うたた寝をするときの猫は、場所を選ばずどこでも目をつぶるが警戒は怠らない。うたた寝中の猫は、あなたが近くにいること、あるいは近づいてくるのがわかる――うたた寝をしていても猫の耳はレーダーのようにあたりを窺っており、どんな音も聞き逃さないからだ。本当にぐっすり眠っている猫は、大きな音がしたり突然触られたりして目を覚ますととてもびっくりすることがあるので、猫を起こさなければならないときは、そっと優しくしなければいけない。

ドイツのある動物学者は、四〇〇匹を超える睡眠中の猫を観察し、猫がどんな格好で寝ているかでその部屋の温度がわかるという結論に達した。摂氏一三度以下では、猫は丸くなり、頭をしっかりと身体にくっつけて眠るが、温度が高くなるにつれて猫は姿勢を緩め、二一度以上になるとまるまっていた身体をほどいて四肢を前に伸ばす。安全だと感じ、部屋が暖かければ、猫は脚を空中に持ち上げたり横向きになって寝たりする。自分の飼い猫のそれぞれが部屋の温度や安全さをどう感じているかは、その寝方を見るとわかるかもしれない。

猫は暖かい地域が原産地で、陽だまりや家の中の心地良い場所など、暖かいところが大好きだ。またやわらかい場所を見つけるのも大の得意で、人間の家具や寝具を上手に利用する。猫の睡眠パターンは人間よりも途切れ途切れだ。獲物を見つけるのに最適な時間――夜明けや日暮れどきのことが多いが、日中のこともある――に狩りをしなければならないのでこれは当然だ。自信がある猫は寝る場所をそんなに気にしないが、神経質な猫は、安全だと感じられる場所が見つかるまではリラックスせず、警戒を解かない。人間の赤ん坊や高齢の猫と同じく、子猫は必要な睡眠時間が長い。

猫には睡眠が必要だと聞いても誰も驚かないし、普通は何の問題もないのだが、仲の悪い猫を一緒に飼っている場合には注意が必要だ。マンションのような閉じられた空間に住んでいて外に出られない場合、猫は安心できる場所に逃げることができない。退屈した猫はまた、自分より弱い猫をエネルギーのはけ口として利用し、いじめることがあり、いじめられるほうの猫はゆっくり休めない。

猫の行動に関する専門家である私の友人によれば、猫は「寝たふり」をすることもあると言う。私自身はそれを見たことはないが、里親センターで、非常にストレスを感じ、不安だったり怖がっていたりする猫にそれが見られることがある。一見寝ているように見えるのだが実は眠ってはおらず、リラックスもしていない――身体は緊張し、耳をぴんと立ててあらゆる音を聞いているのだ。目は閉じていても、そういう猫は周囲で起こっている出来事がちゃんとわかっている。それはまるで、自分が消えてなくなるのを助けようとして目を閉じ、自分の存在に気づかれまいとするかのようだ。猫が寝たふりをしているのに気がついたら、その猫のストレスを軽減させる方法を考える必要がある。

6

猫好きとはどういう人たちか？　猫は猫好きをどう思うのか？

世界中で、ペットとしての猫の人気が高まっている。犬よりも手がかからないので、猫を飼う人、特に一人暮らしで猫を飼う人の数が増加しているのだ。ただし、私たちのライフスタイル、ペットに関する考え方やペットに期待することもまた変化しているので、自分の生活をそれに合わせなくてはならない猫も増えていることになる。では私たち飼い主はどこまで猫を理解し、猫が私たちと一緒に健康で幸せに暮らせるようにしてやっているだろうか？　どうすれば私たちは、猫をよりよく理解し、ここまで見てきたようなさまざまな方法で彼らが私たちに伝えようとしていることに耳を傾け、私たちに使えるあらゆる手段を介して、猫が猫らしく心のままに行動し、そのニーズに合わせてコミュニケーションをとれるような環境と雰囲気を提供し、互いに幸せな関係を築けるのだろうか？

これを読んでいるあなたは、「猫に必要なことばかり書いてある」と思うかもしれない。そのとおりだ。私たちは彼らの生活を支配しているわけで、私たちが家に引き取った猫は環境に適応する必要があるのだから、私たちもまた進んで猫との生活に適応すべきである。多くの人にとってそれは難しいことではないかもしれないし、むしろそれが楽しかったり、あるいはそれがとても自然なことなので自分が猫に合わせていると気づきさえしないかもしれない。一方、これまで見てきたようなさまざまな理由で人になつかず、私たちが一般に飼い猫に対して持つ「期待」にそぐわない猫を飼っている人にとっては、それはより難しいことかもしれないが、猫を理解し、努力することで状況は改善する。猫を尊重し、可能なことを楽しむうちに、少しずつ彼らとコミュニケーションをとれるようになるし、それはとてもやりがいがあることだ。飼い猫にあまりにも夢中になって無理やり撫でたり抱いたりしないことで、猫のほうから近寄ってきて自分からコミュニケーションを求めるようになれば、それ自体を素晴らしい成果と考えるべきだ。

猫好きな人の特徴

この本を読んでいるあなたはおそらく猫好きか、あるいは猫に興味があり、この本は自分で買ったものかもしれないし、あなたが猫好きであることを知っている誰かからのプレゼントかもしれない。誰にでもレッテルを貼って分類分けしたがる世の中で、猫好きであるということは何を意味するのだろうか？　また人びとは、猫と犬、猫好きと犬好きを競わせたくて仕方ないようである。「犬好きの人」と「猫好きの人」の違いを調べるアンケート調査は絶えず行われているし、これはさまざまな「推測」を生む。興味深いことに、出会い系アプリなどで人を惹きつけるために書かれたプロフィールでは、猫好きというのは冷笑の的になったり意地の悪い言われ方をしたりする——たとえば犬が嫌いな人は信用できないと言われたり、猫を複数飼っている女性が「猫好きおばさん」と揶揄されたりするのがその最たる例だ。あるアンケート調査によれば、出会い系アプリのプロフィール写真を見ている女性は、猫を抱いている男性はそうでない男性よりも男らしさに欠け、したがってデートの相手としてふさわしくないと評価した。だが、猫を抱いている男性はより感受性が強く、パートナーとして優れていると思う女性もいるかもしれない。一九八〇年代に行われた調査では、猫好きの男性はより自立（自分の生活を自分で管理）しており、犬好きの男性はより支配力（他者に対して権力と影響力を持ち、状況を操作する能力）が強く、攻撃性が高いという結果だった。このことは、犬を飼う人にとって、飼い犬が自分に従順であることがいかに重要かを示唆している。一方、猫好きの女性は支配的な力は弱く、おそらくは猫を支配しようとは思わないし、犬と比べてより独立し、従順さが重要でない猫の性質が気になったりはしないのだろう。また、犬好きの女性も猫好きの女性も攻撃性は男性より低かった。ただし、こうした研究の多くは、獣医の診察に基づいたアンケート調査や、犬好き、猫好きの人への質問に基づいているため、回答にはある程度の偏りがある可能性があるし、回答者はもともと、巷にあふれるステレオタイプに影響されている。

テキサス大学オースティン校がオンラインで行ったアンケート調査では、自分が「猫派」と「犬派」のどちらと思うかを回答してもらったところ、回答者の半数近くは自分は犬派であると答え、約四分の一の人が犬も猫も両方好きであると答えたが、猫派であると答えたのは一二パーセントにすぎなかった。

アンケートの結果によれば、犬派の人は猫派よりも「誠実さ」のスコアが一一パーセント高く、自制力があり、責任感が強かった。また回答では外向性のスコアも一五パーセント高く、つまり犬派の人は、自分は猫派であると答えた人よりも社交的、熱心、積極的、そして精力的だった。さらに、「人付き合いがうまい」――人を信頼し、利他的で親切で優しく、愛想が良い――のスコアも一三パーセント高かった。一方猫派の人は、考え方のオープンさ――つまり、好奇心が強く、創造性が高く、美的感覚に優れ、従来の考え方にとらわれず、新しいことを試し、一人で過ごす時間が長い――のスコアが一一パーセント高かった。また猫派の人は、ストレスや不安を感じやすく心配性である「神経質さ」のスコアが犬派よりも一二パーセント高かった。ただし、ご覧のとおり、これらの差は一〇パーセント程度で、大きな違いとは言えない。

他にも、猫を飼っている人を、（犬の飼い主ではなく）何もペットを飼っていない人と比較したアンケート調査がいくつかある。そのひとつでわかったことは、猫の飼い主のほうが、ペットを飼っていない人と比べてメンタルヘルスの障害が少なく、したがって精神的により健康であるということだ。猫を飼っている人はまた、（当然のことだが）ペットというものに対してより好意的だった。うつ病、不安神経症、睡眠障害、人の世話をする能力、一般的に好ましい方法で自己を表現する傾向については、猫を飼っている人とペットを飼っていない人との間に有意な差はなかった。

これと似た別の調査では、猫を飼っている人はペットを飼っていない人と比べて社会的な感受性が強く、他者をより信頼し、好意を持った。自分を「猫派」と呼ぶ人の割合は、男性よりも女性のほうが高かった。また別の調査では、犬派の人のほうが性格が温かく、生き生きとし、ルールを守り、社交的だった一方、猫派の人は抽象的に思考し、より知性的で自立していた。

二〇一六年、毎年八月八日に実施される「世界猫の日（インターナショナル・キャット・デイ）」を記念してフェイスブックが、犬好きと猫好きそれぞれの社会的特性を調べることにした。犬は社交的でおおらか、猫は内気で自立しており次に何をするか予測がつかない、といった紋切り型の特徴を挙げた後、アメリカで、フェイスブックに犬の写真または猫の写真、あるいは両方を投稿する人たちはこれと同じ社会的特性を持っているか調べたのである。当然のことながら、猫派の人は猫派同士、犬派の人は犬派同士で友人である傾向があったが、必ずしもそうとは限らず、猫派の人は犬派の人――つまり動物好きな人全般――にもいいねを押していた。

猫派の人の約三〇パーセントが独身なのに対し、犬派では独身は二四パーセントだった。ただし、独身である人と猫好きである人は多岐にわたり、（多くの人が早とちりしがちなように）高齢の女性ばかりではなく、若い人も、さまざまな年齢の猫好きの男性も、独身である率は同じくらいだった。こうした人間関係に関する調査結果は、猫好き・犬好きの人たちが都会と田舎のどちらに住んでいるかの差によるものかもしれない。どちらのグループも、都会に住んでいる人もいれば田舎に住んでいる人もいるが、犬好きの人たちは、犬が運動できる広いスペースのある田舎に住んでいることが多く、猫好きは都市に住んでいる割合が高いからだ。猫派の人たちに偏った傾向として、読書とテレビ・映画を観るのが好きで、とりわけファンタジー、ＳＦ、アニメを好むの対し、犬派の人びとが好きなのは犬に関するストーリーや犬関連のものだった。アメリカとイギリスでは犬を飼っている家庭のほうが猫を飼っている家庭よりも多いが、全体として見ると、ペットとして飼われている猫の数は犬よりも多い。猫を多頭飼いしていたり、犬と猫の両方を飼っている家庭も多いからだ。

猫は人間をどう見ているのか？

ここまで、猫とはどういう動物で、どのように意思を伝達し、何を求め、何を必要としているのかを、人間が必要とするもの、私たちが猫に求めているもの、また自分の猫に与えたいものとともに見てきた。さて今度は、猫が人間をどう思っているのか、私たちが発する信号を猫はどのように解釈するのか、猫はどのように人間と関わり、何がそれに影響を与え、人間の存在が猫の行動をどう変化させるのかについて、わかっていることを見ていこう。犬については猫よりもはるかにたくさんの研究が行われていて、なかには犬用の実験がそのまま猫に応用される場合もあるが、これが必ずしもうまくいかないことは想像できるだろう。

猫は犬のように率直に人の言うことをきかないが、ある研究者が言ったように、「ある生物種の行動を測定できないとしたら、おそらく問題なのはその生物種ではなくて研究の方法である」。犬の場合、与えられた課題を行う前に一定の訓練を受け、ご褒美としてしばしば食べ物が与えられる。私の仲間であるサラ・エリスとリンダ・ライアンを見ればすぐにわかるが、猫も訓練することはできる――熟考と辛抱強さが必要ではあるが、可能であることは確かだ。ただ、おそらく私たちのほとんどは不精すぎて、それをうまくこなすことができないのだ。私たちは犬の訓練はするが、犬は猫よりも人間の命令に従うことに熱心だし、少なくとも従ってみせるし、訓練する人が下手くそでも猫より寛容である。猫の飼い主は、自分の猫は自分の行動に敏感でそれに反応する、と言うかもしれないが、ペットとして人気が高いにもかかわらず、猫と人間の社会的関係性についての研究はほとんど行われていない。

猫に気に入られるには

私たちが読むことのできる研究の多くは、(猫の個性に言及し、この本に影響を与えた) デニス・ターナー博士の研究チームが行ったもので、古くは一九八二年に遡る。当時、猫の行動、とりわけ猫と人間の相互関係に関する情報はほとんどなかった。ターナー博士は、家庭で猫と接する可能性が最も高いのは女性であると言っているが、これは、当時は今よりも、外での仕事を持たず家にいる女性が多かったからかもしれない。男女の役割が変化し、性別がより流動的になり、以前よりも多くの人が生活に十分な収入を得るために働くようになっている今でも当時の状況が続いているかどうかには留意すべきである――ただし、新型コロナの流行後、性別を問わず多くの人が在宅で働くようにもなってはいるが。とはいえ、家庭で猫に餌をやり、猫と触れ合う確率が最も高いのが女性であるというのはおそらく今も変わらないだろう。当然のことながら、調査によれば、子どものいる女性は猫と接する時間が少なく、また外に出られる猫や多頭飼いの猫の一匹一匹についても同様だったが、室内飼いの猫、一匹で飼われている猫は人間と接する時間が長かった。さらに調査の結果は、一匹で飼われている猫は多頭飼いの猫と比べて、家の中でより活発で、飼い主の近くにいたがり、遊び好きで、飼い主とより頻繁な接触があることを示していた。これはみな納得のいく結果だ。

興味深いことに猫は、黙っていても特定の性別や年齢の人を好むというわけではなく、特定の性別や年齢の集団に属する人でも行動の仕方が違えばそれに対して違った反応をする。研究チームによれば、ある人がどのように猫に近づくかが猫の反応に影響する。大人は猫と接するとき座っていることが多く、男性は腰掛けた状態で猫と接するが、成人女性や女の子は猫と同じ高さまで身を低くした。女性は男性よりも猫に話しかけることが多く、猫はそれに返事をした。子どもは立ったまま猫と接することが多く、猫に近づき猫について歩く（あるいは追いかけ回す）確率は男の子のほうが高い一方、大人は猫のほうから行動を起こすのを待った。高齢者は猫が近づいてくるのを喜んで待ち、その辛抱強さは、猫が高齢者と過ごす時間の長さによって報われるのだった。

人間のほうからコミュニケーションを求めるなかれ

その後わかったことは興味深いが、猫好きの人は聞きたがらないかもしれない。人間のほうから猫にコミュニケーションを求めると、猫が人間の相手をする時間は、猫のほうから人間に近づいてきた場合

――おそらくは尻尾を上に伸ばし、人間にスリスリしたり、ニャーニャー鳴いたり、家具を引っ掻いてあなたの注意を引こうとしたり――よりも短いのである。ただしそこには持ちつ持たれつの関係があって、猫が飼い主とコミュニケーションしたがったときに飼い主が喜んでそれに付き合うと、飼い主が猫をかまいたいときに進んで相手をしてくれるようだ。

里親センターにいる猫を対象に最近行われた研究によれば、猫は、自分を無視する人とよりも、自分に注意を向けてくれる人と過ごす時間のほうが大幅に長く、食べ物やおもちゃよりも人間とのコミュニケーションを好むことも多かった。ただし、里親センターや動物保護センターの状況は、好きなときに人間が相手をしてくれることの多い一般家庭とはかなり違う。保護施設にいる、非常に人なつこい猫は、人間との触れ合いに飢えており、人が来るとここぞとばかりにコミュニケーションをとりたがるのかもしれない。我が家の猫たちは、相手をしてくれとねだれば私たちが喜んでそうする可能性が高いことを知っており、好きなときにそれを要求する。

前述のように、猫は、いつ、どれくらいの時間にわたって人間とコミュニケーションをとるかを選べることを好む。猫は個性が強く、人なつこさや、どれくらいの時間人間に注目されていたいかは猫によってかなり差がある。もちろんこれは、私たちの反応の仕方や、私たちの注目のどこからを猫が行き過ぎと感じるかによっても違う。だから、猫が私たちの相手をすることに興味がないように見えても、彼らが望むなら私たちは喜んで相手をするということを猫に知らせてやるといい。そうしたらあとは、猫の様子からそのきっかけを読み取ればいいのである。

猫のふり見て我がふり直せ

近年の研究で、猫を飼っている人は飼い猫と性格が似ているらしいということがわかった。調査の対象者を、同調性、誠実性、外向性、神経症的傾向、寛容さにしたがって分類した結果、人間と飼い猫の性格には関係があったのである。

神経症的傾向が強い（不安を感じやすく、物事に否定的で自信に欠ける傾向がある）と分類された飼い主は、「問題行動」――たとえば攻撃性、不安あるいは怖がっている様子を見せたり、ストレスに関連した行動をとったりする――があり、かつ病気や肥満を抱える猫を飼っている確率が高かった。また、「外向性」のスコアが高かった（社会的な刺激や他者と関わり合う機会を求め、元気でエネルギーにあふれ、ポジティブであると形容されることが多い）人は、外に出ることが許される猫を飼っていることが多く、一緒に生活しやすい自分の猫に満足している確率が高かったのである。

こうした研究の結果の解釈が困難なのは――そもそも研究を行うこと自体が非常に難しいのだが――因果関係が明らかでないからだ。私が直感的に感じるのは、飼い主の性格がその行動に表れ、それが猫の行動にも影響するのであって、猫の性格が悪いわけではないということだ。神経症的傾向が強かった人がたまたま、偶然あるいは意図的に性格の悪い猫を飼うことにした、などというのは信憑性に欠けるではないか？　もしかすると彼らは、大胆で自信のある猫ではなく、もともと神経質だったり不安そうな猫をあえて選んだのかもしれない。猫を助け、問題のある猫を引き受けることを望んだのかもしれない。自分が大切にしてやれば「更生させる」ことができると思って神経質な猫を選んだのではないのだろうか？　そうでないとしたら、飼い主の人生観が、かなり嫌な形で飼い猫に影響を与えることになる。

私たちは猫の「問題行動」を話題にするが、それは大抵、私たちが気に入らない行動のことだったり、都合の悪い場所で何かされたりすることを意味する。たとえば家の中でトイレの外に排泄したり、人に対して「攻撃的」に見える形で反応したりするわけだが、実はそれは、猫に余裕がなかったり注目されたくなかったりして、人間を遠ざけようとしているだけなのかもしれないのだ。非常に神経質な人は単に物事をより否定的に捉えるだけであり、ポジティブな性格の人たちは単に、神経質な人たちが味わったような猫の特徴に気づかなかったり気にならなかったりするだけなのだろうか？　もしもあなたが生きることにより大きな不安を抱えていたとしたら、あなたにはあなたの猫に迫るより多くの危険が見え、危険を制御して猫を護ろうとするあまり、猫につらい思いをさせているのではないだろうか？　猫は自分から何かをしたがり、自分の行動を自分でコントロールできることを好むということは前述した。おそらく、考えるべきことが多いのは、猫の行動よりも人間の行動なのである。

猫だって飼い主が好き

ヒューマン・アニマル・ボンド・リサーチ・インスティテュートによれば、人間と動物の絆とは、人間と動物の間に生まれ、双方にとって益となる生き生きした関係のことで、どちらの健康と幸福にも欠かすことのできない行動に影響される。それにはいろいろあるが、たとえば、人間と動物と周囲の環境が、感情的・心理的・身体的に相互に関係し合うことだ。

研究によれば、猫は、私たちが考える犬と飼い主の絆と同じくらいに強い絆を飼い主と築くことが可能であり、これまではこの点が過小評価されてきた。ほとんどの人は無意識に、自分の飼い猫は自分と強い絆がある、と言うが、どうすればそれを証明できるだろうか？　犬には人間との絆をつくる動機があるかもしれない――なぜなら犬は、人間と同様に、社会的なつながりが絶対に必要だからだ。一方猫は、「社会的柔軟性」があり、行動の仕方も好きなこともそれぞれ個性的だ。どうやら猫は、自分の縄張りの外にある物に脅威を感じることがある一方で、自分の飼い主や家を安全な場所として見ているらしい。だがそれは単なる安心感ではなくて、猫と人間は互いが好きだから心を通わせるのだ、と私たちは考える。猫は、犬と、あるいは人間と同じようにはそれを表現しないだけなのだ。どうしたら猫との絆を築き、飼い猫が今以上に安心して暮らせるようになるかを理解することで、飼い主と飼い猫の関係をより良いものにする、あるいは飼い猫がストレスを感じる状況に対処するのに役立つかもしれない。そうすれば猫はもっとリラックスし、飼い主ともっとコミュニケーションをとるようになるかもしれない。同時にそれは、なぜか猫が嫌いで、猫は自立しすぎているとか、猫が人間と暮らす唯一の理由はそれが自分にとって得だからだ、といった言い訳をしたがる人が持っている猫のイメージを改善するのに役立つかもしれない。

ゆっくりとしたまばたきは信頼の証

人間にとって視覚はとても重要で、人と目を合わせたり目を逸らしたりすることに敏感だ――「目つき」が重要なのである。動物の世界でも、目と目を合わせることには意味がある。研究者は「凝視」という言葉を使うが、それによって彼らが意味するのはどうやら、猫同士が相手をじっと見つめることらしい。相手を注視するのは、人間と犬と猫の間で交わされる言葉を使わないコミュニケーションでもあり、見つめる側、見つめられる側のいずれにとっても意味がある。それはまた、両者の間に絆が生まれるのにも役立つようだ。犬と猫はどちらも、嗅覚、聴覚、触覚、そして視覚を使って人間とコミュニケーションをとるが、犬と猫ではそのやり方が違う――犬と猫は、犬同士、猫同士での行動の仕方も、人間との接し方も非常に異なるのだ（それは彼らが人間と暮らすようになった進化・発達の過程が異なるためである）。「ちらっと相手を見る」から「睨みつける」までの範囲のなかで「凝視」がどういう位置にあるのかははっきりしないが、おそらくそれは、睨みつけるというほど積極果敢ではないけれども、誰かをちらっと見るというよりは積極的な行為だろう。相手を睨みつけるのは、対立する猫同士がよく使う、非常に攻撃的な行為であることがわかっている。これは犬が、人間と、あるいは犬同士で目を合わせるのとは違うと思われる。

「凝視」による犬のコミュニケーションについては多くのことがわかっている。犬の祖先であるオオカミは集団で暮らし、集団で狩りをするので、彼らが互いに目を合わせることで意思を伝達し、協力し合うというのは理解に難くない。人間が犬を見ることが犬に影響を与えることもわかっている——どうやら犬は人間に見られているときのほうが従順だし、飼い主が彼らを見ていると、クンクンいったり飼い主を見つめたりといった、飼い主の注意を引くための行動が増えることがある。家畜化の過程で犬は人間の支配下に置かれ、自分の世話をしてくれる人間に依存するようになり、それは現在も変わっていないので、自分を見ているからこの人が餌をくれそうだ、とか、自分が見つめている相手のうちの誰が反応してくれるかを知るのはとても重要なことなのかもしれない。犬はまた、飼い主が何かをじっと見ているとその視線の先を追い、飼い主と飼い主が見ている物を交互に見たりする——たとえば、見えているのに届かないところに餌があるときには、どうにかしてくれと頼んでいるのかもしれない。犬は、どうしたらいいかわからなかったり自分では解決できない問題があると、人間の助けを頼ることがある。犬は仲間と協力し合う動物から進化したので、自分以外の存在に協力を求めるのだ——そうすることで進化に成功したからである。

では、猫はどうだろう？　私たちが飼っているイエネコの祖先である野生の猫は、単独で暮らし、狩りをしたので、協力して狩りをするために他の猫の視線を解釈する必要がなかった。「家畜化」の過程で猫は、自分にとって都合が良く十分な食べ物があれば集団で暮らす能力を身につけ、メス猫は協力して子育てをした。ただし猫は、いさかいがあったときに犬が服従の意図を示すのに使うさまざまな行動パターンも持たないし、協力し合う集団の行動を統制し、集団がまとまるのに役立つ階層的社会構造に所属するわけでもない。犬のような社会的動物にはこれらは必須である。

猫が集団で暮らす場合、その集団の結束は、互いに体臭を交換し、身体をこすりつけあい、グルーミングし合うことで生まれる。こうして集団で暮らすことの利点は、自分たちの食べ物や寝床を奪う他の集団の猫が縄張りに入ってくるのを防ぎ、捕食動物や、自分のものでない子猫を殺すかもしれないオス猫から護ってくれる猫が周りにいる、ということだ。もしかすると猫がその行動パターンを発達させたのは、猫が単独行動動物だった頃だったのかもしれない。ただし、子猫は他の猫を見て物事を迅速に学ぶということはわかっているものの、その延長として子猫が、母猫が見つめている物に気づくかどうかは研究されていない。犬と同様、猫も人間が指差したり見つめたりしている先にある物体のところに行くことはあるが、その物体について混乱したり不安を感じたりしたとき、犬は人間に助けを求めることができるようだが、猫は犬ほど人間の行動に反応しない。そういう状況が家の中で、飼い主のいるところで起きたとしたら、猫は、飼い主が自分の求めに応じ、自分が何かを欲していることをわかってくれると考えて、飼い主ともっとコミュニケーションをとろうとするだろうか？　それまで自分が見たことのない物体に出くわし、どうすればいいのかわからないとき、猫もまた人間の顔の表情を読むことができるようだ。猫は食べ物を得るために他の猫を凝視するようには進化してこなかったのだから、これは猫が人間と暮らすようになってから発達した能力かもしれない。

ただし、猫は人間が凝視すると、凝視されるのを避けようとして頭の位置を動かし行動を変化させるということを示す研究がわずかだが存在する。おそらく猫は人間の凝視を、他の猫に凝視されているのと同じ意味と解釈するのである（睨まれていると思っているのかどうかは不明である）。猫は睨まれるのを脅威と感じるので、これは理解できる行動だ。

犬も猫も、人間のさまざまな感情を示す信号を見分けることができる。犬は人間の気持ちや顔の表情を識別し、それに基づいて行動を変化させる。ある研究によれば、犬は泣き真似をしている飼い主の匂いを嗅いだり鼻を押し付けたり舐めたりし、見たことのない物体があると、飼い主がそれに対して肯定的な反応を見せれば近づくし、否定的な反応をすればその物体から遠ざかった。一方、猫は飼い主が落ち込んでいるとスリスリすることが多くなり、顔の表情と身体の姿勢を見分けることができることを示した研究もある。つまり犬も猫も、人間の感情に反応することができるのだ――犬の場合、私たちはこれを人間との絆と解釈するのだから、猫だって同じことではないか？

人間の気分についてはどうだろう――飼い主の機嫌は猫に影響を与えるのだろうか、また猫は飼い主の機嫌を左右するだろうか？　猫を飼っている女性は、飼っていない女性と比べ、落ち込むことが少なく、内向的傾向も弱いように見える。猫は飼い主の気分に反応するようではあるが、それがどういう気分であれ、猫の反応の仕方には影響しないようだ。落ち込んでいる女性は猫と触れ合うことで気持ちが晴れるようだが、初めから機嫌の良い女性は、猫によってさらに気分が良くなることはない。独身男性も独身女性も猫が与える影響は同じだが、男性は猫よりもそこに女性がいるかどうかにより大きく影響された。

研究の結果はまた（かつ犬の飼い主ならほとんどの人が言うように）、犬は飼い主に対してと自分が知らない人間に対しての行動が異なり、飼い主のことは、安心していられる相手と捉えているらしい――ちょうど人間の子どもが親をそのように見るのに似ている。興味深いことに、犬と人間が互いにじっと見つめ合うと、オキシトシンというホルモン（分娩や母乳の分泌に関連し、産後の母親と赤ん坊が絆をつくるのにも関与していると考えられている）が分泌される。犬が人間を見つめると人間の体内のオキシトシンが増加し、それによって飼い主はさらに犬とコミュニケーションをとるようになる。飼い主とのコミュニケーションが増えると犬の体内でもまたオキシトシンの分泌が増加する――言い換えれば、犬と人間が見つめ合うと、母親と赤ん坊と同様に、双方のホルモン産生量が増えるのだ。研究の結果は、猫と人間の絆が、人間と犬、あるいは赤ん坊との間にできる絆と近似していることを示している。わかっていないのは、人間と犬、あるいは人間同士が絆を形成するのを助ける凝視が、人間と猫の場合も同じように機能するかどうかである。私の猫たちは、私に対する凝視の仕方がそれぞれにまったく違うから、ここでもやはり猫は個体差が大きいのかもしれない――この点については第9章でさらに詳しく見ていく。

人間と猫が目と目を合わせるコミュニケーションには、興味深い要素がもうひとつある。「スローブリンク」と呼ばれるゆっくりとしたまばたきだ。まばたきの意味についてはいくつかの新説がある。人間は意識的にまばたきすることも可能だが、ほとんどの場合はそれを無意識に行っている。動物の場合、まばたきは無意識に発する信号だ。

犬と人間が互いに見つめ合うとき、その人と犬はまばたきを同調させる――犬は飼い主がまばたきした約一秒後に、そして飼い主は犬がまばたきした直後にまばたきするのである。これと同じ現象が猫にも見られ、これは互いを理解し信頼し合う助けになると考えられている。相手を睨みつけているように見えかねない行為がまばたきによって中断されるか否かが、猫にとっては別の意味を持つのである。

ある研究によると、人間が自分の飼い猫に向かってゆっくりとまばたきすると、猫もお返しにゆっくりまばたきすることが多く、それが飼い主の猫に対する愛情表現の助けになる。この研究ではまた、猫は、知らない人がゆっくりまばたきをするとその人に近づく可能性が高くなることもわかった。おそらくはゆっくりまばたきすることで、怖がる必要はないということが猫に伝わるのかもしれない。

スローブリンクをする猫は、初めは無表情だ。それから猫は上まぶたを半分閉じて目を細めてから、再びゆっくりと開く。研究者は、猫がゆっくりまばたきするのは機嫌が良いときで、それは信頼と愛情のしるしであると考えている。猫が何かを不安そうに見つめたり何かに警戒したりしているときの、非常に集中した目つきとはまるで違う――スローブリンクはおだやかでのんびりしており、その人間を信頼していることを示しているのである。

飼い主の声と匂いに安心する

ペットと飼い主の間に絆が生まれるのを助けるのが視覚だけではないというのは理に適っている。猫の場合、鋭い聴覚と驚異的な嗅覚もまた絆づくりに一役買っているのかもしれない。猫は人間とのつながりを持つために、通常は子猫と母猫の間でしか使われない「ニャー」という鳴き声を使ってコミュニケーションする。また、飼い主と長い間離れていた後では、短時間離れていただけの場合よりも一生懸命に喉をゴロゴロ鳴らすこともわかっている。猫は飼い主の声を聞き分けることができ、知らない人の声を聞いたときよりも頭と耳をたくさん動かして反応する。

集団で暮らしている猫は、自分が属する集団の猫とそうでない猫を匂いで識別する。そして匂いを使ったコミュニケーションを高度に発達させている。仲の良い猫たちの集団は、通りすがりに身体をこすりつけあったり、縄張りの周囲の物に自分の匂いをつけたりする。そうやって残された匂いが集まって、ある特定の特徴を持つその集団の匂いとなり、その集団に属する猫はそれを嗅ぐと安心するのである。飼い猫は、飼い主にスリスリしたり、ベッドや椅子や飼い主の衣服の上に座ったりして匂いを共有し（ただし私たちはそれに一切気づかない）、そのホッとする匂いのおかげで、彼らもまた飼い主のグループに属している、あるいは飼い主が彼らのグループの一員である、と感じる。

犬と猫は、人間とともに暮らし、「双方にとって益となる生き生きした関係」、すなわち絆をつくるために、それぞれ異なった形でコミュニケーションの方法を適応させた。「双方にとって益となる」という言葉について考えてみよう。人間と動物の絆について考えるとき、私たちは往々にして、人間の視点に立つ——たとえば、血圧が下がるとか、ストレスが軽減され、淋しさやうつ感情が軽くなるなど、ペットを飼うことが人間に何をもたらすかということだ。コンパニオンアニマル（伴侶動物）と触れ合うことで、高齢者には精神面・身体面にポジティブな影響がある。同じことが、感情、知覚、社会性、行動の発達途上にある子どもに起きる。だが、ペットが得るものはあるのだろうか？　食べ物、水、安全さと健康面でのケアは言うまでもないが、私たちはときに猫の視点に立って考えてみる必要がある。

猫について誤った理解を持っていると（それは無知のせいかもしれないし、何か私たちに都合の悪いことがわかったときに私たちがそれまでのやり方を変えたがらないせいかもしれないが）、猫が私たちとの暮らしについて本当はどう思っているのかを示すヒントに気づくことができない。彼らが送っているポジティブな、あるいはネガティブなメッセージを見落とす可能性があるわけだが、そのどちらも、きちんと気づいて対応すれば、猫と一緒の生活をより良いものにできるのだ。

7 私たちは猫を利用している？

人間と猫の関係において、私が強く感じていることがいくつかある――猫がかなりひどい待遇を受けており、それが彼らにとって幸福かどうかに疑問を感じる点だ。次章では猫と楽しく暮らす方法についてお話しするが、この章では、猫を愛しつつも彼らを誤解している可能性があり、ときには自分の行動の動機を振り返り、自分が本当に猫にとって最善のことをしているかを確認すべき状況について考察したい。この章を読んで、言外に批判されているように感じて不快になったり腹を立てたりする人がいるかもしれないことは承知している。だが、三〇年以上にわたって猫のために仕事をするなかで、たとえそれが気持ちの良いことでなくても、私たちの行動の動機を理解し、もっと豊富な知識を身につけるべき点がいくつかあるということが浮き彫りになったのである。私自身のことを考えると、私が猫を飼うのは、猫が非常に魅力的で、そばにいるのが嬉しいからであり、猫がいると家が居心地良くなるし、猫は私にとって素晴らしい友人であるからだが、これは私が決めたことであって猫が決めたことではない。私たちは、自分が猫に何を求め、猫のために何をしてやりたいかということと、猫にとって実際に必要なこと、猫が望んでいることの違いについて、正直に認めなければならない。そうしてこそ初めて私たちは本当に、彼らのために最善の努力ができるのだ。

世界馬福祉協会から、同協会の会議での講演を頼まれたことがある。この協会の優秀な最高責任者であるロリー・オーウェンズと私は長年の知り合いで、彼が主催する会議は、馬の扱い方について真に先見性のあるアプローチをとり、人間と馬の関係について研究するものだ。動物種の違いを超えてさまざまなアイデアを共有し、課題に取り組めるのは素晴らしいことだ。彼は私を、インターナショナル・キャットケアの「猫に優しい行動原理」について短い話をするために招待し、「利用が虐待になるとき」という会議のテーマに合った猫の扱い方はあるかと私に尋ねた。それは興味深い概念で、いろいろなことを考えるきっかけになった。

もちろん、私たちは猫との関係を「利用」だとは考えないし、私たちが猫を利用しているという考え方には激昂する人がほとんどだろう——私たちは猫を愛し、彼らの手助けをしようとしているのである。おそらく私たちは、農場の動物を、食肉、卵、牛乳などの生産に「利用」している、ということについては同意するだろうが、猫はそれとは全然違う。馬はおそらく、家畜とペットの中間にいる——農作業や競技、娯楽目的の乗馬などに使われるが、同時に一頭一頭が個性を持った動物として愛されてもいる。私たち人間は、動物とどのように付き合い、どんな思い込みがあり、ときには、自分自身の欲求のために彼らを傷つけていることを理解もしなければ気にも留めず、そのつもりはなくても彼らを傷つけているのではないか、と私は考え込んでしまった。

私たちはさまざまな形で猫と暮らし、猫を扱う——ペットとして飼ったり、獣医として、あるいはペットホテルで猫と接したり、野良猫の世話をしたり、グルーミングやブリーディングを職業としていたり、猫に関連する製品や餌を販売したり。猫の飼い主は、話し相手として、あるいは、世話をしたり愛情を注いだり助けたりする対象を猫に求める。第2章で述べたように、猫をペットにするためには人間がその過程を助けてやらなければならないので、猫が私たちと快適に暮らし、一緒にいて楽しい行動をとるようになるためには、適切な準備が必要だ。ペットとして成功する（猫と飼い主がともに互いの存在を楽しめる）ためには、人なつこさの遺伝子を備え持ち、生後すぐの八週間に人間とポジティブな触れ合いを経験し、その後も引き続きポジティブなコミュニケーションをとり続けることが、身体的に健康で精神面でも幸福であることと並んで必要だ。私たちは猫を擬人化したがる傾向がある——人間の思考や感情を動物に当てはめれば、彼らに対する共感は強まるかもしれないが、同時に、猫のニーズを優先させるのを邪魔する可能性もある。

私たちと猫の関係が、互いの存在を楽しむためというよりも人間が猫を「利用」する傾向にある場面がいくつかある。そういう場合、私たちは自分が猫を飼う動機を真剣に自分に問い、そうした状況で猫が幸せかどうかを考える必要がある。ここでは、猫の抜爪や、極端な結果を求め、遺伝的な問題を無視して行う育種、助けようと思ってしたことが猫を苦境に陥れるケース、そして、感情支援動物としての猫に依存し、猫に無理を押し付けてしまうケースについて見ていこう。

抜爪

家や家具のほうが猫の幸福よりも大切にされるところは世界中にたくさんあり、猫がそれらを引っ掻いて傷つけないように猫の抜爪が行われている。抜爪術が施されるようになったのは一九五〇年代で、一九七〇年代までには広く普及していた。だがその後多くの国が、これは猫にとってひどい仕打ちであること（詳細は後述）に気づき、今では四〇か国以上で禁止されている。アメリカとカナダでは今も合法だが、いくつかの自治体では禁じられている（州として初めてこれを禁じたのはニューヨーク）。だが、北米で飼われている猫のうち抜爪されている猫は二五パーセントに上ると推定されている。インターネットで抜爪を検索すると、ヒットする結果のなかには、猫の足から引き抜かれたばかりの小さな爪が山積みにされた衝撃的な写真がある。

では、いったいこれがなぜそれほど恐ろしいのだろう――単に爪を切るのと同じことではないのか？実のところ、抜爪は爪を切るよりもはるかに極端な行為である。抜爪とは、実は足指の切断なのだ。あなたの手の爪を除去するために、第一関節から先を、特別な爪切りやレーザーやメスで切断するところを想像してほしい――それが抜爪なのである。手術がうまくいかなければ、細胞組織が損傷し、骨の一部が残ってしまったり、傷口から感染したり、爪の一部が再生したりすることもある。手術がきちんと行われたとしても、抜爪は長期的な痛みを引き起こしたり、行動を変化させたりすることがある――家の中で排泄したり、隠れたり、人間を遠ざけるような行動（おそらくは攻撃的と捉えられるような行動）をとったり、自分の体毛を噛んだりといった、リラックスして幸せな猫なら見せない行動だ。あるいは神経系が損傷を受け、猫は、人間が四肢を切断されたときに経験するのに似た痛みを感じている可能性もある。

爪を完全に取り除く代わりに、猫が爪を格納する能力を左右する靭帯を切断して格納ができないようにする手術が行われることもある。猫は爪を失いはしないが、爪とぎをして爪の外側の層を剝がすことができなくなる。すると猫は爪を適切に使うことができず、爪が伸びすぎて、始終切ってやらなければならなくなる。つまり人間が猫に触れる必要が高まるわけだが、それを歓迎しない猫は多い。それに、こうした行動をとる猫の本能や衝動の強さ（人間の世界の外の世界では、その行動がとれるかどうかが生死を分ける）を考えると、それができない場合に猫はどう感じるだろうか？　爪を取り除いたり使えないようにしたりしたところで、猫が爪をとぐ必要性がなくなるわけではない――生まれついての本能には抗えないのだ。

抜爪には痛みが伴い、短期的にも長期的にも猫に影響する。猫は、爪を抜かれた足に体重をかけたりその足で動き回るのを嫌がるかもしれない。また研究によれば、抜爪された猫は背部痛が起きることがあり、抜爪されていない猫と比べて健康上の問題がずっと多い。身体が柔軟で機敏な猫に背部痛が起きるなどと私たちは考えないが、猫が四肢、あるいはいずれかの足に体重をかけまいとすれば歩き方が変わる可能性が高く、それによって腰を傷めることもあるのである。

抜爪は、住居の損傷の原因になるという理由で人間が猫を安楽死させたり捨てたりするのを防ぐのだから、猫のためになる行為なのだという主張がある。とんでもない言いがかりだ。むしろ、抜爪された猫は不快感や痛みを感じ、それが原因で問題行動（飼い主が問題とみなす行動）を起こす可能性が高くなり、結果的に多くの猫が別の飼い主にもらわれたり安楽死させられたりするのである。

室内飼いの猫の爪とぎによる家の損傷を減らす方法はある——爪とぎポストや、適切なサイズや形の爪とぎ用素材を適切な場所に設置して、猫がそれを使うように促し、使ったらご褒美をあげるのだ。外に出られる猫は屋内ではあまり爪をとがないので、爪を切れば家具などが傷つくことは減るかもしれない。ただしそのためには人間が密接に猫に触れることが必要で、それを嫌がる猫もいる。猫が家に傷をつけるのを防いだり制御したりするのは難しいが、もしかしたら猫の飼い主である私たちは、猫とその行動にこちらを合わせ、家の中が多少完璧さを欠いてもそれを受け入れなければならないのかもしれない。爪をとぐのは猫の本能であり、そのはけ口が必要なのである。抜爪は間違いなく虐待行為であると私は思う。それがあまりにも一般的に行われているために、多くの人は抜爪をごく普通のことと考えているかもしれないが、もしかしたらそういう人たちは、自分がペットにしていることの本当の恐ろしさに気づいていないのかもしれない。

問題を抱えやすい純血種

猫が美しい動物でないなどと主張できる人はいない。それはたとえ猫が好きでなくても同じだ。しなやかで美しく、体毛と目の色もとてもきれいなネコ科の動物は、いずれも頂点捕食者として、こうした美しさには無頓着なまま進化したわけだが、人間にとってはその美しさもまた大変大きな魅力である。多くの人にとって、毎日猫を目にするのが嬉しいのは彼らが非常に美しいからでもある。猫の美しさはすでに完璧で、私たちはそれで満足すべきだとあなたは思うかもしれない。ところが私たち人間には、気に入ったものはもっと欲しがり、できることならそれに手を加えたがる傾向がある。

前述したように、「家畜化」という言葉を猫に当てはめることには疑問が残る――他のペットに比べると、猫はそこまで家畜化されてはいないのではないかと感じるからだ。ほとんどの動物は、「家畜化」されると子孫をつくる相手を選ぶことができないが、世界中にいる猫のおそらく九〇パーセント以上は純血種ではなく、無作為に混ざり合った遺伝子を持っている。純血種でない雑種のメス猫の交尾相手を私たちが選ぶことはめったにない。なぜなら交尾は外で、私たちの見ていないときに行われるからだ。実際私たちは、相手のオス猫の性格どころか、その外見すら知らないことが多い。交尾相手を決めるのはメス猫なのだ。ただし純血種の猫を繁殖させる際には、人間がある特定の特徴を持った猫のなかから交配相手を選んでその猫の遺伝子構成をコントロールできる。それは大抵、身体的な特徴であり、人間にとって魅力的な猫や新しい猫をつくるためである。

純血種とは何か？

純血種の猫は、生まれてくる子猫の外見をほぼ予測できるし、ある「標準」にしたがうことが多い。この標準は、純血種の飼い猫を登録し、標準に最も合致する猫の飼い主を表彰するキャットショーを開催する団体によって制定される。そうすることによって、特定の猫種の猫は確実に見た目が似通うのである――ただし、被毛と目の色は異なることもあり、これは標準の範囲内とみなされる。

ウシやヒツジやブタなどの家畜もそうだが、純血種の猫は交配相手を自分で選べない。人間が、主に見た目のために交配する猫を選ぶのだ。優れたブリーダーは、交配させる猫を、見た目だけでなくその健康度や性格に基づいて選ぶが、必ずしもそういうブリーダーばかりではない。また、願わくばブリーダーは、人なつこくて人間と幸せに暮らせる猫を選ぶのが望ましい。それぞれの純血種には、特定の外見が期待される。そのためブリーダーは、「猫種標準（スタンダード）」――その純血種が持つべき外見の特徴を定めた正式文書――を満たす個体の中から親になる猫を選んで交配させる。被毛の色や長さが異なる新しい猫種をつくることを目的とする場合、あるいは健康上の問題があると思われる猫種に新しい遺伝子を取り入れようとする場合以外は、通常は違った猫種や雑種の猫が繁殖に使われることはない。

ただしこれは同時に、繁殖させるために使える猫の数がとても少なくなり、したがって「遺伝子プール」は大きくないということを意味する。遺伝子プールが小さいほど、遺伝子が原因で引き起こされる問題が他の猫にも拡散される危険は大きくなることがわかっている。

つまり、あなたが求めている猫の外見はほぼ保証されても、遺伝子プールが小さいために問題が起きる可能性があるのである。その遺伝子プールに健康上の問題や障害があると、それが次の世代に継承されやすくなる。これがいわゆる「遺伝性疾患」だ。なかには、身体的特徴を極限まで増長させた猫種もある。たとえば、平らな顔、短い脚、体毛がなかったり非常に長い、といった特徴だ。ある身体的特徴を選んで強調するために繁殖されるが、実はそれが猫にとっては痛みや不快感の原因になる場合もある――たとえばスコティッシュフォールドがその例だ（次項参照）。

ある猫種の「外見」（標準）に、鼻がぺしゃんこだったり尻尾がなかったりといった、猫の健康上良いとは言えない極端な外見が求められることもある。次に挙げる三つは人間が創作した猫種で、その身体的特徴が猫にとっての問題を引き起こしていることは間違いない。

スコティッシュフォールド

スコティッシュフォールドは、身体と頭の形は普通だが、耳が前向きに、誕生日カードを入れた封筒のフラップのように折れ曲がっている。丸顔で目が大きく、とても愛くるしいので人気がある。ではそのどこが問題なのだろう？　先にも述べたが、簡単に言えば、猫が適切に音を聞いてコミュニケーションをとるためには正常に立っている耳が必要である、というだけで理由として十分なはずだが、実は一番大きな問題はそこではない。スコティッシュフォールドの耳は、軟骨に影響を与える遺伝子の突然変異の結果であり、弱くなった軟骨は立たずに折れてしまうのである。不幸なことに（かといって驚くにはあたらないが）、突然変異の影響を受けるのは耳だけではない――関節を保護してきちんと機能させるために必要な軟骨もまた影響を受け、関節が損傷して関節炎を引き起こす。耳に影響があるなら、身体の他の部分にも同様に影響があるのだ。つまり、あの可愛らしい外見と引き換えに、スコティッシュフォールドは若いときから疼痛を抱える危険性が非常に高い。これは見た目の可愛さの代償としてはあまりに大きい。スコティッシュフォールドも猫なので、足を引きずったり泣いたり痛みを人に見せたりはせず、あまり動かずに黙って痛みをこらえているかもしれない――だがX線写真や獣医による検査の結果を見れば、その関節に何が起こっているのかは明らかだ。インターナショナル・キャットケアのウェブサイトでその実際の写真を見てほしい。

マンクス

マンクスという猫種の特徴は、尻尾が短い、あるいは尻尾がない、ということだが、これは脊椎に影響する突然変異が原因である。尻尾の長さは普通のものから尻尾がまったくないものまでさまざまで、その長さによって「スタンピー」「ランピー」などの名前がある。尻尾がないと何が問題なのか？　猫は尻尾を持つように進化してきたのであり、そこには理由があるはずだ。尻尾は猫が身体のバランスをとるのを助け、コミュニケーションにも使われる。それだけでも、我々が尻尾のない猫を求めるべきではない理由としては十分だ。

だが、問題は他にもある。マンクスの尻尾がなかったり短かったりする原因になる突然変異は、尻尾の長さだけでなく、脊椎や脊髄、そして神経にも影響を与えるのである。それは二分《にぶん》脊椎症という形で表れる——脊椎の発達異常で、排泄の制御に問題が起きたり、ときには後肢が自由に操れなくなったりすることもある。そんなマンクスが、いったいどうしてマン島のシンボルになったのだろう？　おそらくはある時点で、尻尾のない猫がマン島にはたくさんいたのだと思われる——尻尾のない猫を生む遺伝子は優性遺伝子で、そのコピーがひとつあるだけで尻尾が短くなる。交尾する猫の片方がこの遺伝子を持つだけで、子猫たちは尻尾が短いか、あるいは全然なくなるのである。それどころか、この遺伝子は猫を死に至らしめるほど強力で、尻尾のない猫同士を交尾させると、子猫は生まれる前に死んでしまう可能性が高い。尻尾、あるいはその一部があったとしても、問題がないとは限らず、椎骨は癒合している。また、重篤で痛みを伴う関節炎を起こすマンクスもいる。

マンクスがマン島独特の猫と認識され、シンボルとしてふさわしいと考えられるようになった当時、尻尾がない原因は知られておらず、この問題は理解されていなかった。だがもうそろそろ、こういう問題を抱えた猫の繁殖を意図的に続けるべきかどうかを考え直すべきであり、繁殖をやめることを、動物愛護の手本にしてもいい頃だろう。

ペルシャ猫とエキゾチック

三つ目の例は、単独の問題というよりも、何らかの理由で私たちが追い求める猫の外見をつくるために、私たちはどこまでやる気なのか、という問いである。ペルシャ猫とエキゾチック（基本的に短毛のペルシャ猫のこと）は顔がとても平たい、短頭種と呼ばれる猫だ。昔はペルシャ猫は普通の顔をしており、鼻も今のように平らではなかったのだが、長い年月をかけ、平らな顔をした猫を選んで繁殖させた結果、今では鼻と目が同じ平面にあり、顔はほとんど凹形である。ここまでの極端さを求めない人もいるし、これは程度問題でこの変化を逆転させることも理論的には可能であるが、それにしても、頭の形を変えることが深刻な影響をもたらすのは間違いない。

これは、ブルドッグやパグなどの犬種に見られるのと同じく、頭の大きさと形の変化——歪曲と言うべきかもしれない——に起因する同様の問題を伴っている。粘土でできた普通の猫の頭を手に持って自分に向き合わせ、指で下顎を持ち上げながら鼻を押し込めば、頭蓋骨全体がねじれて形が変わる。頭蓋骨の内側の、非常に明確な機能を持った組織や身体構造は、どこか他の位置に移動するか、さもなければ潰れてしまうのだ。これが、極端な猫の育種の結果である。顎と歯は位置が変わり、上顎と下顎の歯が噛み合わなくなるのできちんと機能しなくなる可能性がある。インターネット上で見られる、その醜さのゆえに面白がられる猫の写真の多くは、歯が妙な角度で飛び出していたり、顎が、怒っているような、あるいは単に変な顔に見えるような噛み合わせをしている猫たちだ。そしてそれは、食餌やグルーミングに影響する。

可哀想にペルシャ猫は、長い被毛と密生した下毛が手に負えないばかりでなく、通常目の潤いを保つために分泌される涙が突出した目（眼窩が浅いために飛び出して大きく露出している）の全体を覆うことができず、目が乾いて痛むことがある。私たち自身、ドライアイがどんなに痛いかを知っているし、乾いた目は損傷して角膜潰瘍が起きやすく、強烈な痛みを伴うに違いない。それでも保湿と潤滑のための涙は涙腺から分泌されているのだが、普通なら目を潤した後の涙を取り除いてくれる管からあふれて顔に流れる――平らにするために頭蓋骨がねじれて歪んでいるからだ。平らな顔の猫の多くは、顔の毛に汚れたシミがつき、湿った毛は顔のくぼんだところの皮膚に感染症を引き起こすこともある。雑種の猫を考えてみよう――被毛や顔に何かが付着すれば猫はすぐにそれを取り除いてきれいにする。猫は被毛がベタベタしたり濡れたりすればそれがわかり、できる限り早くそれをなんとかしようとするのだ（第1章で見たように、猫の毛は非常に敏感である）。

加えて短頭種の猫の顎は、頭蓋骨の変形が原因で奇形であることが多く、グルーミングがさらに難しくなるし、食餌にさえ影響することがある。ペルシャ猫はとてもおとなしい猫だと言われており、これは実際に育種の結果なのかもしれないが、ある意味で彼らは、被毛が濡れたり絡まり合ったりしたことを伝える感覚器官からの正常なフィードバックの一部を遮断しなければならないのではないか、と私はつい考えてしまう。ペルシャ猫は、人間に顔や目を拭かれるのを我慢しなければならない。私の子どもたちがまだ小さくて、顔を拭いてやらなければならなかったときの彼らの反応を思い出すが、子どもたちはそうされるのが嫌で、それを避けるために身をよじらせ、逃げようとしたものだ。猫だって同じように、それが嫌なのではないだろうか。顔を拭かれたりグルーミングされるのを嫌がる猫ばかりではないかもしれない——なかにはそれが好きな猫もいるだろうが、私には、私の猫がそれをどう思うかが想像できる。人間が猫の外見を操作でき、それが猫の気持ちに影響するとしたら、私たちは、猫にとって身体的にも精神的にもできるだけ苦痛がないようにしてやりたいと思うのではないだろうか？　グルーミングがうまくできるというのは、自立した猫にとっては生活の一部だし必要なことだ。私たちはそのことを認識し、受け入れて、自分たちがつくり出す猫は、自分でそれができるようにしてやるべきなのだ。

これらの身体的な問題は、私たちが極端な外見や目新しさを求めることが原因で引き起こされるものだが、他にも、猫の健康に影響し外側からは見えない遺伝的な問題がある。遺伝子プールが小さいということは、心臓や腎臓の疾患をはじめ、健康問題の原因となる疾患がすべての猫に広がりやすいということを意味する。ある猫種の猫はその多くが近縁関係にあるので、遺伝による疾患はその猫種のなかで拡散される可能性があり、その症状が明白に表れる前にその猫が子猫を産めばますます拡散される。外側からは見えない遺伝性の疾患は、多発性嚢胞腎や肥大型心筋症その他いろいろある。きちんとしたブリーダーならばこうした問題に気づき、調査して、それらを解決するためにブリーディングポリシー［訳注／愛玩動物の繁殖に際しての考え方、方針］を変更したり、科学者と協力して検査の方法を開発したりし、可能ならそれを防ごうとするだろう（遺伝様式が複雑な場合、これは必ずしも容易なことではない）。ただし残念なことに、長い年月をかけて開発した猫の血統を、問題が発生したからといって否定するのを嫌がる人もいる。わからないではないが、優先しなければならないのは猫の幸福だ。

すべての猫種の繁殖を継続すべきか？

新しい猫種がつくり出されると、どういうわけか人びとはそれを特別扱いし、途絶えさせないように保護しなければならないと考える。一部の猫種を繁殖させ続ける理由の多くは、それが猫種として定着していること、あるいは特定の地域や国を象徴しているので失うわけにはいかない、というものだ。研究者たちがさまざまな猫種の遺伝子について調べたところ、一般に認められている約五〇ほどの猫種のうち、ある特定の国や地域で繁殖し、共通の外見を持っている猫種は一六種にすぎなかった。これらの猫種は、その土地の歴史の一部である。それ以外は、過去わずか五〇年ほどの間につくり出された猫種だ。

一部の猫種の外見はそもそも、孤立した土地で猫が交尾し合った結果、特定の外見をすべての猫が共有するようになったものだ。この場合、遺伝子プールが小さいのは自然なことだ。このような猫種のほとんどはその後、品種改良によってさらに変化して、今ではもともとの外見からずいぶんかけ離れているものもある。たとえば、他の猫種から孤立して発達し、現在私たちが知る形の基盤ができたシャム猫とターキッシュアンゴラは、その後、選抜育種が行われて被毛の色のバリエーションが生まれ、体形も変化している。マン島が原産で、尻尾が短い、あるいはまったくないマンクスもこの一例だ（二〇五〜二〇六ページを参照のこと）。メインクーンとノルウェージャンフォレストキャットはそれぞれ、さまざまな経緯でアメリカとノルウェーの東海岸に辿り着いた猫が自然に交配して生まれた。寒冷な気候に合わせて長い被毛を発達させたが、さらに改良が加えられて、管理のもとに繁殖される猫種となっている。

猫種のなかには、たまたま遺伝子に異常を持って生まれた（脚が短い、耳が折れている、体毛がないなど）猫を繁殖させて新しくつくられたものもある。たとえばまばらな巻き毛が特徴のレックス系の猫種や体毛のないスフィンクス、脚の短いマンチカンなどだ。こうした「新しい」特徴が猫にとって有害でないならば、私たちとて何も言うことはないのだが、その変化が健康問題を伴うものだったり猫が生きにくくなったりするものだったりするならば、私たちは考え直すべきである。このような突然変異に飛びついて、ただそれが珍しいという理由で新しい「猫種」として認定すべきなのだろうか？

猫の新種をつくるには、複数の猫種とそれぞれの特徴をかけ合わせて新しい品種をつくり、新しい名前をつけるという方法もある。たとえばソマリは異種交配によって生まれた猫種で、この場合は、長毛種の遺伝子をアビシニアンに取り入れている。慎重に、かつしっかりした知識に基づいて行われた交配らしく、特に問題は起きていない。繰り返すが、もともと問題のない猫種を慎重に選べば、異種交配はうまくいくこともあるのだ。ところが育種には往々にして、毛がなかったり脚が短かったりといった「珍しい」特徴を持つ猫種が使われることが多く、それらの猫種自体がそもそも問題を抱えている可能性があるのである。

優れたブリーダーは、自分が扱っている猫種の特徴がわかっているし、猫が健康でいられるよう、その複雑な遺伝子を理解しようと真剣に取り組んでいる。だが残念ながらブリーダーのなかには、外見上の特色だけに着目し、交配すると何が起きるか、そしてそれが猫にとってどういう意味を持つかを理解しようとしない人もいる。その結果、それぞれの特徴が混ざり合ってさまざまな問題が起きる。そのような猫種の一例が、脚が短いマンチカン、体毛のないスフィンクス、それに耳の先がカールしているアメリカン・カールの交配種であるドウェルフである。

猫種の多くの名称は、その猫の原産地と食い違っている。私たちは、自分が好きで推す猫種についてはその歴史と原産地にこだわり、猫種に改変を加えないこと、名前と土地のつながり、あるいはその猫の歴史を守るために、それらの猫種が消滅しないようにすべきであるとさかんに言う。だが近年になって、猫のＤＮＡを研究している世界中の研究者たちは、猫は大まかに言うと四つの地域が原産地であるということを発見した——ヨーロッパの一部の地域、地中海沿岸地方、東アフリカ、そしてアジアである。南北アメリカ大陸にいる雑種の猫は、ヨーロッパ西部にいる雑種の猫と似ていることがわかった。またメインクーンやアメリカン・ショートヘアなどアメリカの猫種の一部は、西ヨーロッパの猫種と遺伝的に似ていることもわかっており、ヨーロッパからの入植者が連れてきた猫の子孫であることが示唆されている。面白いことに、アジアの国名がついたペルシャ猫は、その異国情緒のある名前に似合わず実は西ヨーロッパの雑種との関係のほうが強いこともわかった。つまり猫種の名称が示す地名は、実際に遺伝子が示していることとはほとんど関係がないかもしれず、猫の幸せを優先させない理由にはならないのである。

猫の幸福についての疑問

どういうわけか、人間がペットとして飼うために繁殖されている動物の大きさや体形については疑問を持つ人がほとんどいないようだ。世間ではさまざまなことに対してその正当性に疑問が投げかけられているにもかかわらず、猫や犬の純血種を生産するということについては、その目新しさによって、人びとに受け入れられているどころか歓迎すらされているようである。これは私たちがブリーダーを創造者と考えているからで、新しい猫種がつくられた途端に擁護されるのは、定義が明確にされたり名前がつけられたりしたからなのだろうか？　それとも、つくられたものが気に入ったばかりに、私たちはそれが猫の幸福にとって何を意味するかという疑問を抱かないのだろうか？

身体的にも精神的にも健康で、ペットとしてふさわしい猫を育てている、信頼できるブリーダーもたくさんいるし、後の章で見るように、彼らは人間のそばにいることにストレスを感じることが少ない個体を選び、子猫のときに良い経験をさせることで、人間に飼われる猫の暮らしをより良いものにすることさえできる。前述のとおり、見事な被毛と目の色を持った、本当に美しくて健康な猫も存在する。ただし、往々にして遺伝子の突然変異が原因で起きる変化が、猫の健康や幸福を損なう可能性がほんのわずかでもあるならば、私たちはそのことについて疑問を持ち、猫好きならば、その「新種」を普及させないよう強く要望すべきである。故意につくられた変化であれ、偶然に生まれた変化であれ、その猫種に属する猫たちが健康かつ幸福でいられることを前提として考えなければいけないのだ。

純血種の猫を扱うブリーダーは、特定の特徴を持った猫を育てることに伴う責任を引き受けなければならないし、猫を購入する人は、自分が猫を買うことで需要が生まれ、生まれた需要は満足させられなければならないということに気づくべきだ——そしてどちらも、金銭的な見返りや、何か新しいもの、変わったものをつくり所有する、ということの前に、猫の幸福を優先させなければいけない。猫がもともと完璧に近い動物であることを認めるのは難しいことではない。完璧に近いものに手を加えるのであれば、「まず何よりも、害を与えてはならない［訳注／医師が持つべき倫理を述べた「ヒポクラテスの誓い」］」というルールに則らなければいけないのである。

ハイブリッド種

イエネコには、実に美しい被毛の色や柄・模様があり、ブリーダーはこうした色や模様を生み出すための専門知識が豊富である。だがなかには、それでも満足できない人がいる。さらに一歩踏み込んで、野生の猫の特徴を取り入れようとする人がいるのである。おそらくは、これまでとは違う種類の猫をつくりたいという欲望と、より野生に近い動物と暮らすことに対する好奇心を満たしたいという気持ちもあるのだろう。これを実現するためには、野生の猫をイエネコと交配させる必要がある。そう聞いただけで眉をひそめる人もいるだろう。そんなことがそもそも可能なのだろうか？　答えは、場合によってはイエスである。ただしこれには当然、問題もある。これはハイブリッドと呼ばれる猫で、その繁殖のためにこれまで数種類の野生の猫が使われている。ベンガルという猫種は、イエネコと野生のベンガルヤマネコをかけ合わせたものだ。ベンガルヤマネコは身体の大きさはほぼイエネコだがもっとずっと用心深く、単独で行動することを好み、おそらくは縄張り意識も非常に強い。ベンガルは人間に対してはおとなしく、頭が良くて好奇心が強いが、なかには、周囲にいる他の猫に対して自分の縄張りを強く主張し攻撃的になる個体もいる。ときには相手を威嚇したり傷を負わせたりもし、そういうことが重なった結果が、ベンガルは縄張り意識が強くて攻撃的だという評判につながっている。

サバンナは、イエネコと、かなり身体の大きい野生の猫、サーバルをかけ合わせたハイブリッド種だ。この交配に使われるイエネコの扱われ方を懸念する声がある——交配方法は秘密にされていてよくわからないが、オスのサーバルと交尾させられたメス猫が負傷したり、なかには死んでしまったという報告があるのだ。野生の猫とイエネコでは妊娠期間も異なり、それが子猫と母猫に影響する可能性も考えられる。イエネコ同士の交配の場合でさえ、ブリーダーは双方を慎重に引き合わせ、怪我のないようにする必要があるのに、異種の猫を交配させるとなればこの問題はもっと深刻で、とりわけオスの野生猫がメスのイエネコよりもずっと大きい場合、最悪の事態を招く可能性もある。また、檻の中で飼わなければならない野生猫のオスとＦ１（最初の交配で生まれた第一世代の猫）の身体的・精神的健康も懸念される。

イギリスでこのような猫を扱うためには危険野生動物法に定められた許可が必要だが、これは人間の安全性を担保するための法律であり、猫の幸福や飼育の方法については定められていない。さらに、初めてハイブリッド猫を飼う飼い主についても、ペットとして販売される後世代のハイブリッド猫についても心配なことはある――ハイブリッド猫の行動様式やニーズがよくわかっていないからだ。ベンガルヤマネコとサーバルの他にも、何か他とは違うものが欲しい、あるいは猫の新種の最初の「創造者」になりたいという私たちの欲望を満たすために、野生の猫種が使われている。

純血種の需要がなくなることはないだろう。私たちは純血種を買って自分のものにするという選択肢があることを好むし、すべてではないが一部のブリーダーは、新しくて他とは違った猫種をつくりたがり、それらを自分の好みに合わせて変化させたがるからだ。

良心的なブリーダーや飼い主が細心の注意を払っても、新種の猫について当初はわからなかった問題が後に明らかになった場合、その猫種を管理する立場にいる人は速やかに、その猫種の標準に変更を加えるなり、その問題を持たない猫（同じ猫種の場合もそうではない場合もある）を繁殖に使うなりする必要がある。

異種交配が猫にとって悪い影響を与えなければ問題はないし、前述したように、異種交配をうまく行えば、より人なつこく、人間の家の中で人間と暮らすことにストレスを感じることが少ない猫ができる可能性はある。

猫の育種については、私は複雑な思いを抱いている。私は何年も前に純血のシャム猫を飼ったことがあり、その人なつこさがとても好きだったし、自分が飼っている純血種を愛している人をたくさん知っている。だが、純血種の猫が、純血種ではなく無作為に繁殖した雑種の猫よりもなんとなく優れているというような感覚——それは単に、飼い主がその猫を高額で購入したからであることが多いのだが——は好きではない。私たちは猫に優劣をつけるべきではない——違いは単なる違いなのである。純血種の子猫に高値がつくからといって、それは彼らが雑種の猫よりも重要だったり優れていたりするという意味ではない。

善意からの行動がうまくいかない場合

野良猫を助けるためにしなくてはならないことは山ほどあり、そのために先頭に立って解決策を模索している人たちには頭が下がる。それは容易なことではない——需要は大きいし、そのために使える時間や資金は非常に限られているからだ。またそれはとても複雑な問題でもある。第2章で見たように、一口に猫といっても千差万別で、それぞれの猫のニーズに合わせた解決策が必要だ。うまくいけば、人間に飼われるようになる猫も含め、より健康で幸福に生きられるようになる猫は多い。だが、すでに述べたことだが、人間が猫を助けようとする理由は複雑で、それはときには無知であったり、現実の否認であったり、猫よりも人間のニーズに基づいたものであったりする。野良猫を助けるという行為は、本当に実利的で現実的なやり方をしない限り、手に負えない状況に陥りやすい——問題は底なしだし、その解決のための資源には限りがあるのだ。

私はインターナショナル・キャットケアで働いていたときに同僚たちとこの分野のことに関していろいろ考えたので、それがどんなに複雑なことかを理解している。これは非常に大きな問題で、飼い主のいない猫を捕まえて里親を見つけてやるだけだと思っている人が多いが、実はもっとずっと複雑である。始める動機は単純なことかもしれないが、きちんと管理しない限り、猫を「救出」したはいいが、その猫がそもそも人間と暮らすことができるかどうかさえわからないのに長期間にわたって檻に閉じ込めたまま、従来通りに里親を探し続けるという結果になりかねない。その結果、世話をしなければならない猫の数が多くなりすぎてすし詰め状態になったり、猫を助けようとする人の数に対して猫の数がそもそも圧倒的に多すぎて、世話がおろそかになったり完全に放ったらかしにされたりすることになる可能性もある。路上に暮らすよりも安全に思われるという理由で猫を檻に入れておくだけでは、猫の暮らしをより良いものにしたことにはならないのだ。

保護猫シェルターまたは里親センターの目的は、その名のとおり、保護した猫に新しい飼い主を見つけるということだ。飼い主を探す必要のある猫が数匹いるだけなら、その子に最適な里親が現れるのを待つこともできるかもしれないが、そんな贅沢な状況はめったにないので、現実的な決断が必要になる——個人的な好みや偏見によるのではなく、その猫が、ストレスや病気に罹る危険性の増加につながる混み合った環境から脱して里親にもらわれるほうが幸せかどうかで判断するのだ。一匹一匹の猫がどうしたら幸せかを慎重に検討し、その猫のニーズと、どういう環境で暮らすのがその猫にとって一番合っているか――ペットとして家庭で飼われるのが良いのか、去勢処置された野良猫の集団とそれを世話する人のもとで暮らすのが良いのか、あるいは畑や農場にある小屋で、誰かにサポートされながら暮らすのが良いのかなど――を考慮して解決の方法を見つけるのである。じっくりと検討したうえで、その猫のニーズをみなに説明し、猫にとって非常にストレスの大きい閉じ込められた状況を最小限に抑えることができれば、これはうまくいく。猫の数の多さ、資金不足、やってもやっても終わらない作業などに圧倒され、たとえ善意からでもきちんとした猫の世話ができなければ、故意ではなくても猫の虐待につながりかねない。

猫は私たちの心の支えになるか？

動物を家畜化したことで、人間は彼らを支える役割を背負うことになった。だがコンパニオンアニマルもまた、飼い主の支えとなり、その日常生活をより良いものにし、ストレスの多い状況を乗り切るのを助けることができる。一部の飼い主にとっては、猫が心の支えになることがあると言われる――たとえそれが、批判することなしに話を聞いてくれるだけであったとしても。猫はまた、飼い主のネガティブ思考を軽減して全体としての気分を改善させたり、話し相手となり世話をする対象となることによってうつや孤独感をやわらげたりもすると思われる。猫を飼うということは、心臓発作や脳卒中が起きる危険性の低減とも関連している。だが私たち人間には人それぞれに異なったニーズや性格があり、前述したように、神経症的傾向の強い人ほど猫に心の支えを求めるという研究結果がある。

近年、エモーショナル・サポート・アニマル（ESA）［訳注／人間の心理的な面をサポートする動物のこと。感情支援動物ともいう］のことがよくニュースになる。その理由は大抵、自分を心理的にサポートする動物はどこへでも連れていけるのだと主張する人たちだ。新型コロナの流行によるロックダウン措置で移動したり人と会ったりすることが禁じられていた間、ペットに助けられた人が大勢いたことは知られている。ペットが精神疾患のある人の役に立つ可能性があることもわかっている——ペットは人を落ち着かせ、話し相手となり、不安をやわらげ、世話をする対象となって、症状から人の意識を逸らせるし、飼い主が自分に対してより肯定感を持てるようにしてくれるのだ。コロナだけではない。研究によれば、ペットを飼うことが人びとに社会的交流と運動を促すということも示唆されているが、これはおそらく犬を飼っている人を対象としたもので、犬を屋外で散歩させているのを見かけた人の反応のことなのではないかと思う——猫を飼うというのはもっと私的な行為である。過去に行われたさまざまな研究が、ペットとの触れ合いは血圧を低下させ、オキシトシン（他者と絆を築くことと関連するホルモン）を増加させ、認知症やアルツハイマー病の症状の一部を軽減させることを示している。

エモーショナル・サポート・アニマルについて調べるうち、私はウサギを膝の上に乗せている少女の写真を見つけた。写真のキャプションには「大学生を慰めるエモーショナル・サポート・アニマル」と書かれていた。それはどうやらウサギではなく人間のニーズのことを指していて、ウサギは自分がその学生を「慰めて」いるなどとは思っていないに違いなかった。そのウサギは学生の大学に連れてこられたのだろうか、そして自分を膝に置いている人間のことを知っているのだろうか――それともウサギは彼女が家で飼っているペットで、彼女の膝に乗せられるのを楽しんでいる、と言いたかったのだろうか？　後者であってほしい。

アメリカではエモーショナル・サポート・アニマルは認知されていて、精神医療の専門家は、患者が普通に行動し問題に対処するためには動物の存在が欠かせないと判断した場合、患者にそれを「処方」することができる（一方イギリスのエモーショナル・サポート・アニマルは、補助犬のような法的承認を受けていない）。エモーショナル・サポート・アニマルは多くの場合、人間と動物の相互関係のなかから得られる日常的な恩恵を通して、身体的あるいは精神的な疾患が飼い主に与える悪影響を軽減させるのに役立つペットのことを指す。特に訓練は受けておらず、ペットとして飼われ、人間をサポートするための訓練を受けている補助犬――盲導犬、障害者のための補助犬など――とは異なる。エモーショナル・サポート・アニマルは飼い主がどこへでも連れていくことが多いが、それが動物にとって良いこととは限らない。補助犬は、訓練によって、飼い主と一緒に外出した際に遭遇するであろうさまざまな状況に慣れている。そして補助犬に関わる人びとは、以前よりも、どんな状況が補助犬にとってストレスになり得るかを理解し、問題を認識してそれを最小限に抑えるようになっている。これは、虐待することなしに動物を利用する良い例だろう――犬が人間を助けているということは私たちにもわかるし、どちらかと言われればこれは良いことだ。

猫のように適応能力の高い（かといって限度はあるが）動物は、人間の精神面をサポートする役割の中心的存在になることを求められるプレッシャーがさらに大きいのではないかと思う。実際、たとえエモーショナル・サポート・アニマルと呼ばれることはなくても、普段から常に人間の気持ちのサポート役として注目されるのは猫には迷惑かもしれない。それどころかほとんどの猫にとっては、たとえば誰かと一緒に外出するのはおそらくストレスであり、自分がその人を支えるためにそこにいるなどとは夢にも思わず理解もしていない。本書に書かれている、猫という動物の特徴、状況をコントロールできることの必要性、誰かに反応するよりも自分のほうからコミュニケーションを始めるのを好むことなどを理解していれば、猫には人間のサポート役という役割が不向きだということがわかっていただけるだろう。

人は自分のペットとの緊密な関係を渇望するが、日常的に飼い猫との親密さ、支配、心の支えを必要とすれば、猫にとってはストレスになる可能性がある。すると猫は、人間を遠ざけようとするかのような行動をとり、コントロールを取り戻そうとする（自立して生きるために進化し、人間からの猛烈な要求に対応できるほどの社会的柔軟性を持たない動物にとって、これは基本的なことだ）。それを私たちは猫の「問題行動」と呼ぶわけだが、そのような言い方は単に、人間とは異なる猫のニーズを認識する能力が私たちにはないことを示しているのだ。

過去三〇年ほどの間、私たちは、ペットを飼うことが人間の健康にとって有益であることを懸命に周知させようとしてきた。ペットの存在意義を人びとに認めさせ、ペットを飼うことに反対の人やペットの迷惑な点を挙げて規制しようとする人たちからペットを護るのに役立つ情報を提供するためだ。私たちは、犬が目の見えない人や障害のある人を助け、医療的な場面でも役に立つことは疑わないし、大抵の場合、ペットが私たちを良い気分にさせてくれることもわかっている。だがひょっとすると私たちは、ペットを飼うべき理由を探すことにあまりにも必死になり、その過程でペット自身について考えるのを忘れてしまったのかもしれない――そして今私たちはペットをエモーショナル・サポート・アニマルと呼ぶが、もしかしたら動物側の気持ちは考えていないのかもしれない。なぜ私たちは、犬や猫を飼うために、それが人間の健康や幸福に役立つからだという言い訳が必要なのだろう？「コンパニオンアニマル」は、私たちがペットとして飼うことを選ぶからそこにいる。ただし、飼いたいという動機は本物であったとしても、それはときとして猫の幸福にとってはネガティブな結果を生む――意図的であれ、偶然であれ。猫と関わりたいなら、その関わりによって猫を最大限に幸福にする責任が私たちにはある。猫にとってのニーズと人間にとってのニーズを正直に認め、可能ならばその二つを合致させることが必要だ。猫に対する理解と人間が置かれた状況の複雑さにしたがって、現実的かつ猫の幸福に役立つ接し方をしなければならないのである。

8 猫との対話

猫を「ペット」と呼ぶのは猫にとって有害かもしれない——なぜならそれによって私たちは、猫がどこから来たのか、どれほど強烈な衝動を備え、驚異的とも言える感覚機能の塊か、そしてその彼らが私たちとの暮らしに順応し、私たちの生活を豊かなものにする能力を持つというのがどれほど素晴らしいことかを忘れてしまうからだ。私たちは、猫はペットになるためにこの世に存在するような気がしていて、猫が私たちと共存するために見事に適合し、自ら進んで人間と暮らしているのだとは考えようとしない。どれほど多くの人が、自由に家を出たり入ったりできるのに毎日家に戻ってくる猫と暮らしているかを考えてみよう——猫が、私たちとともに暮らし、私たちとコミュニケーションをとり、私たちの生活にやすやすと適応するというのは、なんと素晴らしいことだろう。

私たちがともに暮らす猫という生き物は、野生動物とそれほどかけ離れていないのに人間との絆を築くことができ、私たちが耳を傾け気づきさえすれば、自分の欲求を私たちに伝えることができるようになった。こうしたことのすべてを念頭に置いたうえで、では私たちはどうすれば、猫の身体と心についての客観的な説明に耳を貸し、猫と対話する方法について考え始めることができるだろうか？　この章では、どうしたら私たちは猫の立場になって考え、猫とコミュニケーションをとれるのか、ということについて、また最終章では、私自身の飼い猫の行動を例にとって、私がそこから学んだ（あるいは思いがけず気づいた）こと、そして彼らの反応がいかに個性的で千差万別であるかについて見ていきたいと思う。

猫はなぜ人の言うことをきかないのか？

猫が好きでない人はよく、猫は言われたとおりに行動しないし犬のように従順で飼い主に忠実でないということをその理由に挙げる。猫は、彼らとコミュニケーションをとろうとする私たちにどんな反応を見せるだろうか？　そもそも、私たちが名前を呼んで彼らの注意を引こうとしていることに気づいているのだろうか？　最近日本で行われた研究の結果は、猫は自分の名前を他の言葉と区別できるらしいこと、またそれを言っているのが飼い主でも知らない人でも関係ないということを示唆している。これは、猫の態度や、耳、頭、尻尾の動きや鳴き方などに表れる微妙な反応の違いの観察結果に基づいている。もちろん、研究のためには、行動要因を一度にひとつずつ、きちんと制御した状況で与えて観察しなければならない――さもなければ、猫が何に反応しているのかを推測するのは不可能だ。猫はどうやら、飼い主の気分や気持ちにある程度は敏感で、知らない人と飼い主の声は区別できるらしい。つまり猫は、人間の顔の表情や声、ボディランゲージなどを認識できるのだ。人間の動作の意味を理解する能力において、猫は犬には敵わないようだが、それは当たり前だ――犬や人間は、同種の仲間に囲まれて暮らす必要があるのだから。犬は、人間の言葉や声の調子によって、怒りから幸せまでの感情を識別できるが、そうした研究の多くは、犬が人間の命令に従ったり指示した物を取ってきたりするかどうかを判断基準にしており、実験を行うためには訓練が必要だ。猫に関してはこれまでに行われた実験は少なく、まだまだこれから解明されることがあるだろう。

普段私たちは、猫の注意を引くためにその名前を呼ぶが、唇をすぼめて、キスするような高い音を使ったりもする。またほとんどの人は、複数の名前やニックネームで猫を呼んだり、同じ家庭内でも人によって呼ぶ名前が違うこともある。猫用の特別な声の調子を使ったり、猫が自分に向けられているとわかるような高い声で話しかけるのもよくあることだ。研究者の一人はこう言っている――「猫は人間の行動に反応するように進化してはおらず、自分がしたいときに人間とコミュニケーションをとる。それが猫というものだ」。だが、私はこれに完全には同意できない。猫が人間の行動の意味を読み取れるように進化してこなかったことは確かだが、それでも猫はそれを読む。私たちが外出の用意をしていたり、餌を取り出すために食料棚に近づいたり、キャリーバッグに入れるために猫を捕まえようとしていたり、薬を飲ませようとしたりしていれば、猫にはそれがわかるのだ――いくら私たちがいつもと変わらず自然に振る舞っているつもりでも。

私たちが猫に何かさせようとするときの猫の反応はもっと興味深い。多くの場合、猫は名前を呼ばれれば、私たちに近づいてきたり私たちに注目したりする――それは、名前を呼ばれることが何か良い出来事と関連づいているからかもしれないし、好奇心からかもしれないし、注目されるのが好きだからかもしれない。猫は私たちが発する合図を理解するのが大の得意だ――猫はそうやって私たちを躾けているのである！　私たちは、犬は従順で、おいでと頼めば（命令する場合も多いが）来る、と思っている。いったい私たちはなぜペットに従順であってほしいのだろう？　もちろん、犬は人に危害を与える可能性があるので制御する必要があるし、ほとんどの国では、犬のとった行動に対して飼い主に責任が帰せられる。だが猫は人に危害を加えないし、人を猫から護る必要もない。ではどうして私たちは、猫を要求に従わせたいのだろうか？

従順さ、というのは非常に人間的な評価基準だ。私たちはなぜ、人に頼まれたことをするのか？　したいから。しなくてはいけないと感じるから。しないと悪いと思うから。誰かを喜ばせたいから。あるいは誰かを怒らせるのが怖いから――頼まれたことをしなかったらどうなるかを私たちは理解しているのだ。人間（や犬）には、要求に応じて反応するという持って生まれたニーズがある。なぜなら私たちはある集団の一部である必要性を内在的に抱えているからだ。そしてそのことが生きることを非常に複雑にしている。他者と協調し、仲間を持つというのは、生き残りのために必要なことの一部である――仲間に囲まれていることが、安全とサポートを与えてくれるのだ。そのためには、私たち一人ひとりが、他者、あるいはある集団のグループ・ダイナミックス［訳注／集団力学。集団内部で成員間に見られる力関係およびその動きを指す］を理解し、コミュニケーションをとり、進んで妥協してそこに溶け込み、他者の気持ちをおもんぱかることができなければならない。もしも私たちがその集団の許容するものから外れていれば、孤独感や疎外感を覚えることにもなる。また私たちは同族を大事にする生き物なので、集団の構成員には特定の信念や部族への忠誠を求める。

私たちは、犬が自分に対して忠誠を示せばそれを評価する。だが猫はこうしたことをほとんど関知しない。何かの一部になるためには妥協と他者への追随が必要だ。猫が言われたとおりにしないのは、猫が頑固なわけでも挑戦的なわけでも反抗的なわけでもない。猫は犬に比べて、その思考経路において自由意志の占める割合が高いのだ――なぜなら猫には他者に迎合するというプレッシャーがないからである。単独で暮らし、狩りのためにも自分の身を護るためにも他の個体と協調する必要がなかったと思われる祖先から進化した猫は、他者と適合する必要性と能力を内在的に持たないのである。一部の猫が（そのための資源が十分なときに）集団で暮らす場合は、何らかの形で協力し合わなければならないと言うことができるし、実際に子猫の世話を協力して行うことはあるが、獲物を捕まえるのに協力し合うことはないし、食べ物を分け合うこともない。そうやって集団で暮らすことには何かしらの恩恵があり、少なくともネガティブな点は単独での暮らしよりも少ないに違いなく、猫にもそれはなんとなくわかっているのだが、猫はいつでも自由に、何の問題もなく単独での暮らしに戻れるようである。

猫は、私たちがしてほしがっていると思われることをしなくても「罪の意識」を感じることはなく、猫が私たちを相手にしてくれるとしたら、それは自分がそうしたいからであって、そうしなければならないと感じるからではない。そのうえで、驚くべきことに猫は、賢くも私たちに自分の要求を伝える方法を見つけ、子猫のときに適切に扱われれば、人間と暮らすのが間違いなく好きである。ただし猫との関係においては、人間は与えられるよりも与える側でなくてはならない——なぜなら人間はそれができるように進化したが猫はそうではないのだから。猫はしばしば「わがまま」で「人を利用する」と言われるが、猫に与えられた能力を考えれば、人間同士の関係や人と犬の関係の多くよりもはるかに上手に人間と暮らしている。

では、こうしたことすべてを考慮したうえで、私たちはどうしたら、（おそらくは猫よりも私たちのニーズを満たすために）猫との関係を築き、私たちと一緒にいたい、と猫に思ってもらえるのだろうか？

猫に主導権を与える

猫に私たちがさせたいことを押し付けようとするよりも、彼らの要求を訊いたほうがいいようだ。そうすれば私たちはそれに対応し、猫が安心できて、私たちの要求の多さのあまりに防御的にならないで済む、そういう関係性を構築することができる。私たちが、彼らとのより密接な関係をつくろうとしていることなど猫にはわからない。猫はこちらの意図など理解せず、自分の身に何が起きているかがわかるだけなのだ。あるとき、ある人が、猫は悲観論者だと言ったことがある——あらゆる状況が自分を殺そうとしていると思うのだと。公平を期すために言っておくと、捕食者であると同時に被捕食者にもなり得る小さな動物がそう思うのは仕方のないことだ。素早い反応でもっと安全なところに移動し、生命が助かったと安心して悦に入り、再び同じ状況が起これば同じように反応するのである。

人にかまわれるのが大好きで、自分から近づいたりもっとかまってくれと要求するなど飼い主にポジティブに反応する猫を飼っている人には、何のことかわからないかもしれない。だが、そういう猫を飼っている人ばかりではなく、猫の多くはもっと臆病だったり、人間との関係にあまり関心がなかったりする。私たち人間はスキンシップが好きだし、愛情表現として猫を抱っこしたりキスしたりしたがるが、猫はそういうことをせずとも満足して私たちと暮らせるのだ。

コミュニケーションを促す

コミュニケーションというのはもちろん、双方向のプロセスである。相手を注意深く見たり聞いたりしなければあなたはどのように反応すればいいかわからないし、コミュニケーションする意思があることを示さなければ、人びとはあなたに反応を返さないかもしれない。では私たちは、私たちとコミュニケーションをとろうとする飼い猫に、どのように応えればいいのだろうか？　彼らが私たちに何かを伝えようとしていることに、私たちは気づいているだろうか？　私たちは、こういうことはもうすべてわかっていて、「研究者」と呼ばれる人たちはもっといろいろなことを教えてくれてもよさそうなものだと思うかもしれない。だが、原因と結果を特定すべく目の前の現象を解釈する研究を行うのがいかに複雑かを理解すればするほど、本書で紹介した知識や理解はいずれも、ほんの小さな一歩にすぎないことがわかるだろう。ということはつまり、私たち自身がもっとよく猫を見、聞き、観察して（ただし猫をじっと見つめすぎないこと――猫はそれがあまり好きではない）、私たちが何をすると猫がどう反応するかに気がつかなければならないということだ。スパイや探偵のようなものと思えばいい――できるだけさりげなく情報を収集し、結果に影響を与えないようにしよう。

あなたの猫に関することのなかには、理解するのがなかなか難しいこともあるように感じるだろう。だがそれらを理解すれば、あなたはあなたの猫をそれまでとは違った目で見られるようになり、その価値がもっとよくわかり、より良いコミュニケーションがとれるようになる。そして、あなたの態度を変化させたら何が起きるか見てみよう。もちろん、自分が今すでに持っている猫に対する見方に満足な人もいるだろう。なぜなら、猫の行動を自分に都合の良いように解釈できるからだ――そうすることで私たちは、自分の好きなように猫を可愛がり、猫が完全に満足していないことを示す兆候を無視することができるのだ。人間とは複雑なものである。

猫の顔の表情からわかることは少ないが、耳はよく動き、目からも読み取れることはあるし、ひげは思ったよりもよく動く。ほとんどの人はおそらく、自分の猫がシャーッと言ったり唾を吐いたりして威嚇するような極限状況にいるところを見ることはないので、顔の中央部分があまり動かない普通の日常的な状況では、その表情を読み取るのは難しいだろう。だが長い間付き合っていると、その微妙な変化に気づいてそれにふさわしい反応ができるようになり、猫からより多くのことを引き出せる。

飼い猫が人間との身体的な接触に対して見せる行動は、インターナショナル・キャットケアが考案した図（第4章、一一六ページ）にあるように多様で幅広いということを思い出そう。猫を飼っている人なら、これらの多くを自分の猫で経験しているはずだ――私はなかでも「我慢」している猫のイラストが好きで、見るたびににっこりしてしまう。私の飼い猫もこれをする――それは大抵、猫のほうから撫でてくれと言ってくるのではなく私が撫でたくて撫でるときの顔だ。時と場合によって、一匹の猫がこうしたさまざまな行動を見せる。ただし、猫のなかには、人間との関わりのなかではこれらのうちの一部の反応しか見せないものもいる――子猫のときに適切な経験を持たなかったせいで、「喜ぶ」段階に達することができず、人を「避ける」あるいは「防衛行動」をとるのである。猫はまた、飼い主と一緒に何年も暮らしているうちに、コミュニケーションの仕方を変化させていく可能性が高い。

座り方や寝転び方からも猫の気分がわかることがある。前足を、向かい合わせに、あるいは肉球が胸の下で上を向くように折り曲げてきちんと身体の下にたたんでいるときは、リラックスし落ち着いている可能性が高い。一方、前足は身体の下にあるが肉球がしっかり地面に触れているときは、その猫はおそらく何かを不安に感じており、必要があればすぐに動ける位置に足を置いているのである。たとえば知らない犬が家の中にいるとき、猫は高いところに座って、リラックスせず、必要ならすぐに走って逃げられるよう犬を油断なく見張っている。

猫が発する音に応える

『How To Talk To Your Cat（あなたの猫との会話の仕方）』というこの本の原題が示すとおり、私たち人間は言葉によるコミュニケーションに重点を置く。そして、人間同士であっても、ボディランゲージの解釈はあまりうまくない。

喉をゴロゴロ鳴らす

喉をゴロゴロいわせること以上に猫的な行為があるだろうか？　この世は自分たちを中心に回っていると信じて疑わない、かなり自分勝手な生き物である私たち人間は、往々にして、猫が喉をゴロゴロ鳴らすのは私たちがしている何かに対する反応だと考える。だが、前述したとおり、母猫と子猫が一緒にいるときには、子猫に乳を飲むのを促し、万事順調であることを互いに確認するために喉をゴロゴロいわせることがわかっている。もちろん子猫は成猫になっても喉を鳴らし、成猫同士でも、たとえばグルーミングし合うときなど、近くにいたり、身体が触れ合っていたりすると喉をゴロゴロいわせることが多い。おもちゃで遊んでいるときや餌を食べているときにも喉を鳴らすことがあるし、一匹でいるときでさえそうすることもある。ただし通常は、喉を鳴らすのは誰かと一緒にいるときで、餌が欲しい、あるいは撫でてほしいなど、かまってもらいたいという合図であったり、他の動物や人間とのコミュニケーションを楽しんでいるというしるしであったりする。猫はまた、私たちに何かをさせる、あるいはしていることを続けさせるためにもそうやって喉を鳴らす。

猫が発するゴロゴロ音には数種類あり、そのなかには特に「相手に何かをさせる」ときのものがある。ゴロゴロという音にさえずるような小刻みの音を加えた、普通のゴロゴロ音よりもエネルギッシュな音で、私たちに何か行動を起こさせようとするものだ。これは赤ん坊が立てる音が私たちを突き動かすようなものだと考えられている。研究によれば、餌が欲しくて猫が喉をゴロゴロいわせるときの音は、のんびりと私たちの膝の上に座ってゴロゴロいっているときの、リラックスして楽に発する「普通の」ゴロゴロ音に比べ、より「執拗で不快」である。実は私たちは猫によって（これ以上ないほど素敵な方法とはいえ）操られているわけだが、こうした猫のコミュニケーションの賢さや、その場を仕切っているのは自分だと考えている私たちを、実は猫がどうやって躾けているかを考えて思わずにっこりしてしまう。彼らは、私たちが彼らの行動を学ぶよりもずっと上手に私たちの行動について学んでいるのである。

餌を要求するときの執拗なゴロゴロ音と、膝の上にいるときの、もっと満足そうなゴロゴロ音を聞き分けられるか試してみよう。いったん聞き分けられるようになると、猫があなたに何かさせようと——撫でろとか餌をくれとかドアを開けてくれとか——しているのがわかるようになり、猫が喉をゴロゴロいわせるたびに、より注意して聞くようになるだろう。そしてあなたがそうしたメッセージに反応すればするほど、猫が再びその方法を使う確率が高まっていく。

声を使ったコミュニケーション

交尾、自己防衛、あるいは子猫を育てているときは例外だが、基本的に猫同士が声でコミュニケーションをとることはあまりないということがわかっている。自分が好きな猫に対しては、ルルル、という震えるような声を含め、音を発することもあるが、私たち人間にはそれとは違った声を使う。子猫が成長して寝床からだんだん遠出するようになり、好奇心に駆られてあたりを探検したいのだけれども同時に安全な寝床や母猫から遠ざかることで緊張しているときには、ニャーという鳴き声を使うこともある。そして、母親の注意を引くために使うのと似た声を、猫は私たちに使う。

猫のニャーという鳴き声は私たちにとって非常に重要だが、猫のなかにはとてもおしゃべりなものもほとんど声を出さないものもいる。たとえばシャム猫のようによく鳴くことで知られる猫種もいるが、雑種の場合、人間に対してどれくらい声を発し、鳴き声をどのように使ってコミュニケーションするかはかなりのばらつきがある。あまり鳴かないのは、もともと無口で自分のニーズを口に出さないだけかもしれないし、鳴いても飼い主が反応しないので諦めたのかもしれない。猫がニャーと鳴いたときに飼い主が猫を見て、何が欲しいのかを確かめれば、猫がますます鳴くようになるのは間違いない。猫はものを覚えるのが早く、人間に対する観察眼が鋭いので、おそらくは、人間が猫を理解するよりもずっと人間をよく理解している。

ニャーという鳴き声の使い方も猫によってそれぞれである。ニャーという鳴き声にはたくさんのバリエーションがあり、猫は口を開いて「ニャー」と鳴き、最後に「オゥ」と口を閉じるので、私たちにはそれがひとつの言葉であるかのように聞こえる。猫はこの鳴き声を使って、餌をくれとか、ドアを開けてくれとか、かまってくれ、と要求する。猫の鳴き声を音節に分けると、「ニャ・アー・オゥ」となって、猫が一つひとつの要素の長さを変えたり、そのひとつあるいは二つ以上を強調して、異なった意味や強調点を持つ異なった鳴き声にすることができるのは明らかだ。「アー」という音が強調されないと、なんだか情けなく、がっかりしているように聞こえるし、「オゥ」の部分も伸ばせばなおさらだ。最後の「オゥ」を繰り返して懇願を長引かせることもある。猫が何かを欲していて、あなたがそれを与える素振りを見せると、鳴き声は晴れやかになり、あなたを励ますかのようにゴロゴロ音が加わることもある。

ときには、真ん中の「アー」だけだったり、首を絞められたかのようなうめき声に聞こえたり、あるいはまったく音なしだったりすることもある。一九六四年に刊行された『The Silent Miaow（音のないニャーオ）』という本がある。大の猫好きだった作家、ポール・ギャリコによるものだ。サブタイトルが「A manual for kittens, strays and homeless cats（子猫と野良猫の生き方マニュアル）」であるこの本は、人間を猫の視点から見たもので、もともとは猫語で書かれたものをギャリコが翻訳したという設定だ。猫に向けての教本であり、飼い主一家を教育する方法が書かれている。猫は実際にときどき、鳴く動きはするけれども音は出ない「音なしのニャーオ」で鳴くことがあり、とても可愛らしい。また、何かが気に入らないときにも猫は鳴く——たとえば抱き上げられたり、座っていた膝の上から降ろされたりしたときに鳴くのはおそらく、少々文句や不平を言っているのである。

視線や指が示す先は猫に伝わるか？

人間が物体を指差し、犬がその視線の先を辿ってその物体のところに行けるかどうかについては、かなりの研究が行われている。猫もまた、食べ物を見つけるのを助けようとして人が食べ物を指差せばそれに反応する、ということを示す実験が必要だ。さらに犬の場合、食べ物が見えるのに届かないところにあると、人間に視線を向けてアイコンタクトを強調したり、ときには他の仕草を加えたりして、それが食べられるように助けが必要であることを伝える。猫は、恐怖を感じかねない状況に出合うと飼い主の顔を見たり、その顔の表情（ポジティブかネガティブか）にしたがってある程度行動を変化させたりはするが、これまでに行われた研究では、犬のようにコミュニケーションを強化させたり助けを求めたりする様子は観察されていない。

ただし、猫を飼っている人なら、餌のボウルが空っぽでそのことを飼い主に伝えたいときには猫がコミュニケーションを強化させるということを知っているに違いないが、これは実験的な状況では起こらないかもしれない。家の中の飼い猫は、餌をくれと要求する自分に飼い主が気がついているかどうかがわかるらしく、もしかしたら、食べ物に手が届かないときには飼い主を見て意思の疎通を強化しようとするかもしれない。これはおそらく、この行動が状況と猫の個性に大きく影響されるということを示し

ているのだろう

まばたきによる意思の疎通

研究によれば、猫に向かって人が目を細め、ゆっくりまばたき（スローブリンク）をすると、猫が人に近づいて一緒にいるのを促す効果がある。おそらくそれは猫にとってはにっこりされているという意味で、「睨みつけ」と混同してはいけない（猫は睨みつけられると威嚇されていると感じる）。リラックスしている猫はよく、半分目を閉じて座り、私たちが猫を見るとゆっくりまばたきをする。彼らには私たちに敵対する意思はなく、私たちを信頼しているということを猫なりに伝えているのかもしれない。研究によれば、猫は、人が彼らに向かってゆっくりまばたきをすると自分もゆっくりまばたきをすることが多い（第6章を参照のこと）。この研究ではまた、知らない人に対しても猫が飼い主に対するのと同じ反応をするかを見るため、猫に向かって手を差し出すとどうなるかを実験した。すると猫は、相手がゆっくりまばたきをしたときのほうが、まばたきを返したり差し出された手に近づく確率が高いことがわかった。猫はおそらくこうやって、私たちは恐くないということを認識するのだ――もうひとつヒントを言えば、猫をまっすぐ見るのではなく、猫のちょっと後ろを見るようにすると、猫は私たちの視線を自分に脅威となる睨みつけと勘違いしない。

今度どこかで猫に遭遇したとき、あるいは自分の飼い猫とコミュニケーションをとるときに、ゆっくりまばたきをして何が起きるか試してみるといい。私たち人間はにっこりするのが好きで、微笑みながら目を細める。もしかすると、微笑むことで私たちは、知らず知らずのうちに猫に同じ信号を送っていたのかもしれない。まばたきにこんな力があるとは意外である。

ただし、まばたきのすべてが良い意味を持つとは限らない――速い速度でのまばたきや、目をぎゅっと閉じるのは、何かが怖かったり脅威を感じているしるしかもしれない。パチパチと素早くまばたきをしたりぎゅっと目を閉じたりしている猫は、あなたに怯えているのかもしれないので、そういうときは猫から離れてリラックスさせてやろう。

遊びを通じて絆をつくる

猫といえば遊び好きと私たちは思っているし、遊びは猫との絆を強めるのにはとても良い方法だ。遊びは猫の成長に欠かせないが、家で猫を飼う喜びのひとつでもある。あなたが猫と遊ぶのにどれだけの時間を費やすかは、あなたが猫とどれだけ一緒に時間を過ごしたいか、あなたとあなたの猫がどれくらい遊びたがっているかによって変わってくる。子猫が相手だと思わず遊ばずにはいられないが、どんな猫でも年齢に関係なく、遊ぶ機会があれば遊ぶし、そこから得るものがある。子猫は成猫よりもよく遊ぶが、たとえ高齢になっても、遊びから得られる刺激や、彼らの健康状態、エネルギー、可動性に合わせてアレンジしたゲームが提供する、穏やかな運動効果を楽しんで味わうことはできる。

猫がおもちゃで遊ぶのは狩りに似ていて、猫に狩りを促す動機と猫が特定のおもちゃを気に入る動機は同じである――つまり猫は、質感、大きさ、動き方が獲物に似ているおもちゃに惹かれるようだ。どうやら子猫は（そもそも子猫は何とでも遊びたがるが）、生後五か月ほどになると、動かない物体には興味がなくなるようである。だから飼い主がおもちゃを動かしてやることが大切だし、猫は人間がおもちゃを動かすほうがリモートコントロールで動くおもちゃより好きらしい。猫はまた新しいおもちゃが好きで、遊んだことのあるおもちゃには――おそらく飼い主がそのおもちゃに飽きるより先に――飽きてしまう。

猫は遊ぶことで狩りがうまくなるのだろうか？　どうやらそんなことはないらしい――獲物を狩るのがうまくなるには獲物を狩らなくてはならないのだ。私たちは、猫の遊びといえば、優れた運動神経を発揮して、素早く動くおもちゃを追いかけたり跳び上がったり飛びかかったりするところを思い浮かべる。でも実際に猫が狩りをするときは、ゆっくり、じっと獲物を狙い、そっと忍び寄って、最後にパッと襲いかかるのが普通だ――獲物を狩るという行為は、猫の身体と同時に頭の中でも起きているのである。だから、遊びというのは猫に独特の、行わずにはいられない行動なのかもしれない。猫とより上手に遊ぶには、彼らが何をしたいのかを理解し、猫がリラックスして私たちと遊べる環境のなかで、それに合ったおもちゃを与えて遊びを促してやることだ。

あなたはおそらく、あなたの猫がどれくらい遊び好きか見当がついているだろう――猫は自分でゲームを考え出し、そこらへんの物で遊び、瞳孔の開いた目を大きく見開いて遊びとも狩りともつかない動きをするからだ。遊ぶのが大好きな猫は、あなたが与えるほとんどあらゆる物で遊ぶし、遊ぶものを自分で見つけたり、興奮のあまりそれを壊したりもしながら、いつまでも喜んで遊び続ける。そうかと思えば、特定の時間にしか遊びたがらなかったり、おもちゃにあまり関心を示さなかったり、こちらが散々誘わなければ遊ばず、またすぐに飽きてしまう猫もいる。そういう猫は、あなたが遊ばせなければおそらく自分ではおもちゃを見つけて遊ぶことはない。

おもちゃには、猫を遊びたくさせるような質感、匂い、音、形があるが、何よりも猫を遊ぶ気にさせるのはもちろんその動きである（猫には動くものに注意を集中させる能力があり、動くものを無視できないという性質については第1章を参照のこと）。たとえばピンポン球のようなシンプルなおもちゃでさえ、猫は何時間でも遊びながら運動できるし、丸めた紙屑でも同様だ。猫は袋も好きだし、箱には目がない。飼い主が投げたおもちゃを拾いに行き、咥えて持ってくる猫もたくさんいる——これは犬がする遊びだと思われているが、これをする猫も珍しくないようだ。あなたの猫にその気があれば、絆を深める良い方法である。もしもあなたの猫が、外に出て塀や木に登ったり、獲物を狙ったり、落ち葉を追いかけたり、ときには他の猫と遭遇したりすることが許されないならば、あなたには、猫が退屈したりフラストレーションを溜めたりしないよう、狩りや遊びに代わる行動のはけ口を与える重大な責任がある。

猫は新しいものが好きなので、お気に入りのおもちゃがあるならば、それを出しっぱなしにせず、使ったらどこかに隠しておいて、しばらく経ってから取り出そう——そうすればそのおもちゃはいつまでも新鮮だ。獲物を捕るという習性は普通、突如として起こる集中的な行動として表れ、短時間で終わるので、その特徴を真似ればますます遊びを本物の狩りっぽくできるかもしれない。

子猫のときから適切に遊ばせることが重要である。子猫のときの遊び方が乱暴で、飼い主が手で子猫をじゃらして遊んだりすると、子猫は手を噛んだり爪でぎゅっと摑んだりすることを覚える。小さいときはいいが、大きくなるとこれはとても痛い。だから子猫には、穏やかに遊ぶことを教え、竿や糸の先についているおもちゃなどを使って、手とおもちゃを離すことが大事だ。

おもちゃのなかには、キャットニップ（*Nepeta cataria*）［訳注／日本語ではイヌハッカ］という猫にとっての興奮物を仕込んであるものがたくさんある。これはシソ科の植物のひとつで、ネペタラクトンという成分が含まれ、およそ六割強の猫がこれに反応する。キャットニップ入りのおもちゃはいろいろあるし、単独で買うこともできる。効力が薄れるのが早いので、密閉できるビニール袋に入れておくとその効果をある程度持続させるのに役立つかもしれない。これがマリファナのように猫を酔わせるのか、発情期のメス猫に似た反応を起こすのか、それとも猫が快感を感じるのかは、よくわかっていない。キャットニップに対する典型的な反応として、猫はその匂いを嗅いだり、舐めたり、その上で転がったり、頭や頰をこすりつけたりする。第1章で言及したように、その草の香りと味に意識を集中させるフレーメン反応を見せることもある。効果は一五分ほど続き、それが過ぎると猫は反応しなくなってキャットニップから離れ、数時間経たないと再び反応することはない。生後三か月、遅ければ六か月経たないとこの反応は普通起きない。またキャットニップは猫にはどんな害も及ぼさない。

二匹以上猫を飼っている場合、遊びはときに白熱して猫はより激しく反応する。そこにキャットニップが加わればなおさらである。あなたの猫の性格を知り、必要ならば、他の猫から離れたところで一匹で遊ばせよう。他の猫と一緒に遊ぶのが好きな猫でも、興奮が高まってあまりにも熱狂的になりすぎ、攻撃に発展することがあるので、常に穏やかな状況を保つようにすることが望ましい。私はこのことについてあまり考えたことがなかったが、あるときインターナショナル・キャットケアの猫の専門家の一人に説明されたことによれば、猫がその周りを歩いたり後ろに隠れたり登ったりできるスツールや椅子などを使って彼らを遊ばせれば、猫同士の睨み合いを防ぎ、状況を落ち着かせ、遊びが攻撃に発展せずに済む。

猫のどこに触ればいいか

何度も言っているが、猫は完全には家畜化されておらず、祖先であり、単独で行動する野生の猫とそれほどかけ離れていない。野生の猫と同様に、私たちがペットとして飼っている猫には未だに、他の猫に遭遇するのを防ぐため、目に見える、あるいは化学物質を通したメッセージを使って間接的なコミュニケーションをとろうとする本能が残っている。つまりイエネコはその祖先から社会的交流のスキルをあまり受け継いではいないし、持っているスキルは、人間との暮らしに適応させる必要がある。一方私たちは、他の人間が周りにいることが必要だし、互いに触れ合うことで愛情を表現するのが好きな動物だ。したがって、人間と猫の相性は理想的とは言えず、猫が行動の仕方を変えることを期待するよりも、相手に共感し自分が生まれ持った行動を制御することのできる生き物である私たち人間の側が、そのことを意識し、私たちの行動を適応させる必要があるのである。

猫はそれぞれ個性があり、触られたときの反応もそれぞれに違う。興味深いことに、研究によれば、人間が猫にとって不要な注意を向けると私たちを遠ざけるような行動で反応する猫もなかにはいるが、我慢強い猫は実はより強いストレスを感じているという――撫でられるのが嫌いなら、それを我慢するのは難しいことなのだ。人間にとっては、猫に触るのを我慢するのは難しいかもしれない。猫を抱き上げたり撫でたりするのは愛情表現だし、安心させてくれるからだ。人なつこい猫のほとんどは、臭腺のある顔周りを触ると喜ぶ――耳の付け根、顎の下、頬の周りなどだ。通常、猫はお腹や尻尾の付け根よりもこういった場所に触られるのを好む。

正解は、ゆっくり慎重に触りながら、猫の反応を確かめることだ――もっと触れと頭をスリスリし、喉をゴロゴロ鳴らしてリラックスしているか？　それとも逃げ道を探しているか？　嫌がっていることを示す仕草には、触られるのを避けようとして顔を背けたり、頭を低くしたり、身体をモゾモゾさせたりなどがある。喉を鳴らしたりスリスリしたりといった反応を見せず、ただじっと座っているのも、あなたの行為が嬉しくないということを伝えようとしているのかもしれない。本当に嫌がっているときは、大げさにまばたきをしたり、頭や身体を震わせたり、鼻を舐めたりする。背中を撫でると皮膚が波打つように、あるいはピクピクッと動くこともあるし、ちょっとの間急いでグルーミングをすることで気を紛らせ、自分を安心させようとすることもある。それがひどくなると、尻尾を左右に振ったり床に打ち付けたりし、耳を平らに、あるいは後ろ向きにしたり、パッと振り向いてあなたやあなたの手を見つめたりする。あなたの手を噛んだり叩いたり、あなたの注意を逸らすために前足で押しのけようとすることもある。お腹をくすぐられるのが好きな猫もなかにはいるが、これは「普通」のことではないので、慎重に、あなたの猫が好きなこと、嫌いなことを確かめよう――そしてあまり欲張らないことだ。

触られるのが嫌な猫

野良猫に餌をやるだけの人から、一匹の猫を完全に室内で飼っている人まで、人間と猫が付き合う状況はさまざまである。猫との暮らしを楽しむための最善の方法など存在しないし、イエネコのなかでもとりわけ人間に興味がない猫たちを、付かず離れずの距離からその猫の世話をすることで大いに満足する人も多い。そういう猫の多くは、子猫のときに良い経験をしていないので「ペット」であることを望まないが、人間を許容することを覚え、餌をくれる人をじっと座って待ち、来れば歓迎するので、人になついているように思えることさえある。餌を食べている間に身体を撫でたりトントンと触られたりしても我慢する猫もなかにはいるが、ほとんどの場合は安全な距離を保ち、すぐに安全圏に逃げられるように身構えている。これを「親密な関係」と思わない人もいるかもしれないが、そうした関係はお互いを豊かにし、どちらにとっても非常に満足できる関係になり得る。

では、人間の助けを必要とするが人間にあまり近づきたくはない「中間猫」を飼っている人はどうしたらいいだろう？　本書の前半で、子猫のときの経験がもとで人間に対してリラックスできないけれど、人間の助けと一定の距離を置いた人間との付き合いを必要とする猫がいるということを述べた。中間猫の多くは、自由に歩き回れるライフスタイルが適している――自由に外に出ることができ、遠くから彼らに餌をやり、隠れがを与え、世話をしてやる人がいる生活だ。こうした中間猫には、食べ物と水、乾いていて隙間風の入らない寝床が必要だ。排泄をする場所をつくってやるか、外で排泄する場合もある。彼らは通常は人間には近づかないが、プレッシャーを感じなければ、だんだん人間に慣れて近づいてくるようになる猫もいる。まずは、それがその猫の行動パターンであることを受け入れ、しつこく追い回すのをやめてプレッシャーをかけないようにすることだ。

そういう猫の健康問題に対処するのは難しいかもしれない――猫に近づくことができなければ、キャリーバッグに入れるのも難しいからだ。こちらから中間猫に触ろうとすれば、猫はますます隠れる必要を強く感じ、攻撃的になることすらある。キャリーバッグを猫の隠れがまたは寝床の一部にしておけば、猫を捕まえる必要があるときにはすでにその用意ができていることになる。かかりつけの獣医と相談し、猫にとって最良の手立てを一緒に考えよう。その猫が中間猫であることを必ず獣医に伝え、獣医だからといって猫を自由に扱える魔法の手を持っているとは思わないことだ。猫が強いプレッシャーを感じることがわかっていれば、獣医には、直接猫に触れずに優しく対処する方法があるし、必要なら鎮静剤で落ち着かせることもできる。薬が必要な場合は、猫の餌に混ぜることができるものがあるか相談しよう

――中間猫を捕まえて錠剤を飲ませることなど不可能だからだ。現実的にどんな治療が可能かを獣医とよく相談しよう。軽い病気なら薬を餌に混ぜるだけでいいかもしれないが、猫の身体を拘束しての長期的な治療が必要な場合、そうした状況は猫をひどく苦しめることになるので、苦痛を防ぐ、あるいは軽減させるためには安楽死も検討しなければならない。

中間猫のなかにはまた、人間の近くにいる必要はあるが、「普通の」飼い猫がそれを受け入れたり喜んだりするのと違って、人間に注目されたくない、というものもいる。そういう中間猫は、自分が主導権を持っている状況で、プレッシャーを一切感じなければ、自分から人間に近づいたり人間に触れたりすることもある。猫のほうから人間に近づくようにさせれば、猫は自分が主導権を持てるので、人間との触れ合いが増すかもしれない。

こういう猫とコミュニケーションをとるコツとしては、こちらからその猫に近づいたり注目したりせず、猫のほうから近づいてきたときにだけかまってやること、毎日のルーティンを決め、猫が、いつ何が起きるかを予測できるようにしてやること、常にドライフードを置いておき、いつでも食べることができてストレスを感じないようにすることなどが挙げられる。

室内飼いの猫のために特に注意しなくてはいけないこと

起きているときは常に飼い主を中心とした生活を送る完全な室内飼いの猫については、よく考えることが必要だ。猫の飼い方は世界中どこでも変化しつつあり、たとえばアメリカでは、猫を外に出すのは飼い主の過失とみなされかねないし、ところによっては、屋外に出ることに伴う危険を回避するために猫は室内で飼わなければいけない場合もある。多くの国では、都市部に暮らす人びとは高層マンションに住んでいて、ペットのための屋外スペースがない。だが、猫を室内で飼うことで猫の精神的な幸福が犠牲になることはないのだろうか?

室内飼いの猫の関心や行動には屋外の暮らしが持つ要素はひとつもなく、猫は飼い主に全意識を集中させる。飼い主のなかには猫とのそういう関係を望む人もいるが、猫が退屈せず、活発で、フラストレーションを溜めないようにしなければならない飼い主の責任は大きくなる。飼い主が仕事に出かけたり、何らかの理由で家を空けなければならない場合はなおさらだ。これとは逆に、アメリカを含め、猫が未だに迫害され、非情な扱いを受けている国もたくさんある。私たちは、可愛がられ、甘やかされたごく少数の猫たちのことを心配しすぎなのではないか? もしかしたら、飼い主の唯一の罪は、あまりにも自分の猫を愛しすぎるということなのではないだろうか?

今でも、お腹を空かせたり病気や怪我で苦しんでいる猫が何百万匹もいるというのは本当だが、だからといって、私たちが自分の猫の飼い方を注意深く考え、私たちが持っている知識を使って改善に努め、私たちが必要とすることだけでなく猫が求めるものについても考慮しなくていいわけではない。猫を飼っている人のほとんどは、この両極端の中間にいる――つまり、猫を一匹か二匹飼っていて、猫はときどき、あるいはいつでも外に出ることができ、猫は飼い主やその家族の生活に、双方にとって都合が良いように自分を合わせながら暮らしているのである。

　室内飼いの猫の場合、常に新しいものを経験させ続けるとよい——そうすれば、住んでいるところに退屈し、好奇心をなくし、新しいものを試す自信がなくなってむしろそれにストレスを感じるようになるのを防ぐことができる。匂いが違ったり、猫の好奇心を掻き立てる新しいもののなかには、たとえば猫が大好きで必ず喜ぶ段ボール箱、中に入って隠れることができる紙袋、さまざまな形や肌触りの物体、他の物の中に隠して猫が発見できるように家のあちらこちらに置かれた物などがある。

あなたの猫はどんなタイプか？

　この本を読み終えたら、あなたが飼っている猫がどういうタイプの猫なのかを考えてみよう。あなたの猫は、あなたやあなたの家族と一緒にいるとき、物怖じせずリラックスしているだろうか？　知らない人が家を訪ねてきたらどうするだろう？　一日のうち、多くの時間を費やすのはどこだろうか？　何か目新しくて面白いことが起こったとき、あなたの猫はどこかに身を隠すだろうか、それとも走ってくるだろうか？　あなたに対する反応は？　あなたが身をかがめて撫でようとすると、身体を伏せるだろうか、それとも伸び上がって自分から撫でてもらおうとするだろうか？　もちろん、同じ猫でも時と場合によってこの全部が当てはまるかもしれないが、あなたの感覚では、どういう状況のときにどういう頻度でこれらの反応が起きるだろう？　他の猫が周りにいると反応の仕方は違うだろうか？　答えには良いも悪いもないし、正しい答えと間違った答えがあるわけでもない。これらの問いについて考え、正直に答えることは、あなたが飼っている猫を理解する助けとなるだろう。

多頭飼いが飼い主と猫の関係に与える影響

二匹以上猫を飼っている人は多いが、そのことも猫と飼い主の関係に影響を与える場合があるので、他のさまざまな要素との兼ね合いを理解しておく必要がある。一緒に飼われている猫同士の相性が良く、座ってグルーミングし合ったり一緒に遊んだりするならば、そこには緊張関係はなく、どちらの猫にも、あるいはあなたと飼い猫の関係にも特に影響を与えない。両方の猫が一緒にあなたの膝に座ろうとすることさえあるかもしれない。あるいは、敵対はせず、互いの存在を我慢し、主に無視し合うという場合もある。ただし、もしもそこに緊張した関係が見られる場合（多頭飼いの家ではおそらくそういうことのほうが多いし、飼っている猫の数が多いほどその確率は高まる）は、それがさまざまなことに影響する。

家で飼う猫を増やす理由は多くの場合、私たちがそうしたいからだが（そしてそれは別に悪いことではない）、もともと飼っている猫がどう思っているかはわからないままに、私たちは新しい猫を選ぶ。もしも誰かをあなたの家族に迎え入れることになり、あなたにはそれに賛成または反対する機会もその人物を選ぶ機会も与えられず、それでもその人と仲良くやっていくことを期待されたとしたらあなたはどう感じるだろうか。私たち人間は、事をうまく運び、家庭内のストレスを減らしてみなが満足できる状態でいることの必要性を猫よりも強く感じるということも忘れてはならない——猫はそもそもそんな妥協をするプレッシャーを感じないのである。

原則として、飼われている猫の数が多ければ多いほど、仲の悪い猫がいる確率は高まり、その緊張関係は他の猫も巻き込む。これは猫にとっても、とにかく猫たちに仲良くしてほしい飼い主にとっても、最大の不幸の原因となりかねない。仲の悪い二匹の猫がいることがわかったら、彼らが互いに離れていられるように助けてやる方法はある——隠れる場所や、周囲で何が起きているかが見えてリラックスできる高い場所をつくってやればいいのだ。ただこれはかなり複雑な状況である可能性があるので、家の中で粗相したり喧嘩をしているのに気づいたら、猫の行動に関する専門家の意見を求めたり、どちらかの猫がストレスを感じずもっと幸せに暮らせる場所があるかどうかを検討すべきかもしれない。

あなたはどんな飼い主か？

あなたは、猫を抱っこしたりキスしたりしたくてたまらず、家に来る人に自分の猫を見せびらかしたいタイプだろうか？　それとも、猫を注意深く観察することでその猫が求めるものを読み取るタイプだろうか？　飼い猫に好きになってもらおうと固く決意し、何があろうとも自分になつくよう必死に猫を説得しようとし続けてはいないだろうか？　残念ながら、以前飼っていた猫の振る舞い方が違っていたとしても、それはあなたがそうさせたわけではなくてその猫がそういう猫だったにすぎず、今飼っている猫をどれほど説得しようとしても、猫が行動を変化させることはない。もしも緊密なコミュニケーションをとれることがあなたにとっては不可欠なのに猫はそれとは逆のことを感じているとしたら、その関係は満足できるものではないかもしれない。

人間に触られたり新しい人に会うのが好きな、物怖じしない子猫を見つけたければ、おそらくこうした問いの多くを、新しい猫を引き取る前に検討すべきだろう――インターナショナル・キャットケアのウェブサイトにある「The Kitten Checklist（子猫選びのチェックリスト）」は、猫を飼うことを検討中の人が子猫を選ぶときにチェックすべき点を知るのに役立つ。里親センターから猫を引き取る場合、その猫があなたに対してどんな態度をとるかを確かめたり、猫の世話をしているスタッフと話したりすれば、その猫の性格をある程度知ることもできる。ただし覚えておかなければならないのは、猫はストレスを感じているとリラックスできず、本当の性格が表に出にくいということだ――もしもその猫がいるセンターが、たくさんの猫で混み合っていたり、犬の吠え声が聞こえたり、檻の中に身を隠せる場所がなかったりした場合、猫はあまりにも周囲に気をとられ、不安で、あなたとコミュニケーションがまったくとれないかもしれない。コミュニケーションに最適な、静かで怯えるものがない環境をつくってやれば、その猫の本当の性格が見えてくるかもしれない。ただし最終的には、私たちが猫を引き取る理由はいろいろあり、そのすべてを私たちがコントロールできるわけではないのである。

猫から学ぼう

私たちは、猫についての探偵でなければならない――猫が好きなことと嫌いなことについての些細な手がかりを集め、彼らが私たちに伝えようとしていることを観察し、耳を傾けなければならないのだ。私たちが主導権を握るのではなく、猫がしたがっていることに応えてやり、同時に、彼らがそうしたいときには可愛がってやる準備があるということを猫に伝えよう。私たちが彼らの要求に応え、抱っこされたり撫でられたりするのは「もう十分」というサインを見逃さず、やりすぎて彼らをうんざりさせなければ、猫はいずれまた遊んでくれと言ってくる。

猫の求めにはまず、猫が発しているメッセージを敏感に受け止め、彼らが求めていることを後押しする形で応えよう。そうすればするほど猫は私たちを信頼し、ポジティブな関係が生まれるので、猫はさらに私たちの注目を求めるようになる――彼らを不安にさせるようなことを私たちがしないという確信があるからだ。

猫は、彼らと前向きに接し、創造的に考え、彼らが発する信号を敏感に捉え、優しい態度で彼らに接するよう私たちを教育する。お仕置きをしても猫に言うことをきかせることはできず、猫は私たちを怖がって私たちとコミュニケーションをとろうとしなくなる可能性が高い。猫は集団のために妥協するようにはできていないので、人間や犬ならばその集団の一部であるために我慢するようなネガティブな行動を理解せず、それに反応を見せることもない。犬に対してはかなりひどいことをしても許される――犬は人間に飼われる必要があるからだ。だが猫に対しては、私たちはもっとずっと良い態度で接しなければならない。もしかしたらそうすることで、人間に対する私たちの態度ももっと良くなるかもしれない！

9 我が家の猫の場合——私たちはどうやって会話するか

ここまで本書は主に、研究の結果や、一般的に猫について私たちが理解していることを述べてきた。だが前述したように、猫は個性が強い。そのことをわかりやすく説明し、一部の理論に対して現実はどうなのかを検証するために、私が飼っている三匹の猫——三匹とも大きく個性が異なり、それぞれに私たちを手懐ける方法を編み出した——について見ていくことにしよう。これは科学的な情報ではなく、猫が見せる個性のいくつかの例であり、ある猫の年齢、健康状態、自信の度合い、神経質さ、ある状況に対してどのように反応するかなどを踏まえて、猫の全体像を捉え、その猫が何をしようとしているのかを考える方法である。ジグソーパズルの小さなピースを嵌めてもっと大きな絵をつくるようなものだ。

猫との暮らし

猫一般のことについて書きながら私は、私自身が飼っている三匹の猫の振る舞いは、研究の結果やそこから得られつつある猫というものについての理解と比べてどうだろうか、と考えていた。三匹とも安定したすみかがあり共通の経験をしていながら、三匹それぞれに違いがあり個性がある。私は三匹とも子猫のときから飼っている（ただし、子猫時代の経験はそれぞれ異なる）。

三匹のうちの二匹は現在九歳、一匹は一〇歳である。彼らの性格は子猫のときからずっと変わっていないが、私たちに対する行動は徐々に進化し、年を経るにつれて性格がより明瞭になった。三匹が子猫だったとき、私には一六歳と一〇歳の子どもがいたが、二人とも三匹に対しては優しく、思いやり深く、辛抱強く接していた。私のパートナーは初めは猫好きではなかったが、彼らのことは大事にし、私と同様に彼らを理解しようとしていた。彼は三匹それぞれの良さがわかるようになり、彼なりの関係を彼らと築き、猫たちも私より彼を選ぶことが多かったほどだ。三匹とも、第2章で見たいくつかのライフスタイルのうちの飼い猫（ペット）に当てはまるが、うち一匹は、子猫のときに私たちが引き取らなかったら、野良猫として、あるいは納屋で、上手に生きていけたことだろう。

幸運なことに私たちは田舎暮らしで、幹線道路から離れたところにある大きな庭付きの家に住んでいる。猫たちはキャットフラップを使って自由に家を出入りできる。鉄道の線路が近くを通っているが、猫たちは線路には近づかず、家の裏側にある大きな採石場を探検するのが好きだ。三〇〇メートルほど離れた家に室内飼いの猫が二匹いるが、我が家のすぐ近くには猫を飼っている家はないので、彼らにとっては嬉しいことに、競争しなければいけない相手もいない。この近所には野良猫もあまりいないようだ――ときどき、農家に飼われて付近をうろついているらしいオス猫が庭にやってくることがあるが、それも頻繁ではない。ただし、知らない猫の存在については、私たち人間よりも猫のほうが把握しているだろう。私の三匹の猫は、家の中は広々しているし、一緒にいたくないときは他の二匹から離れられる場所もある。外に出たいときはいつでも外に出られるし、あいにく齧歯類の小動物を捕まえるのが得意で、しょっちゅう――春と夏は特に――家に持ち帰ってくる。

猫紹介

一番歳上の猫、チリはだいたい一〇歳だ。まだ小さな子猫だったとき（生後六週間くらいだったと思う）に、近所のパブの駐車場を走り回っているところを見つけた。おそらくは、以前にも子猫がいるのを見たことがある、隣の農場から来たのだろう。車に轢かれそうになっているところを、私の娘が捕まえて家に連れてきた。私たちが彼を助けたことに対して、この小さな茶トラの子猫はすぐさま、喉を大きな音で派手にゴロゴロいわせ、娘がお椀形にした手のなかにちょこんと座って私たちを見つめた。もちろん、飼わないわけにはいかなかった。それまで私は茶トラ猫を飼ったことがなく（それまで飼った猫はほとんどが黒猫か白猫かシャム猫だった）、茶トラ猫は人なつこい、という評判に私は興味津々だった。茶トラ猫が万人受けするのは、毛色や模様が魅力的なこともあるが、性格が温厚だという評判のせいもあるのかもしれない。

茶トラであることはいったい性格に影響するのだろうか？　第3章では猫の個性について述べ、毛色と遺伝子について考察した。二つの間に関係があるかどうかははっきりしていないが、毛色が性格にどのように影響するかについてはいくつかの考え方がある。私はまた、鹿毛と栗毛（馬の場合、赤っぽい馬を栗毛と呼ぶ）を比較した、馬の毛色と行動に関する研究も見つけた。それによれば、栗毛の馬は、後ろ脚で立ったり、噛んだり、蹴ったり、後ろ脚を蹴り上げたりといった行動に関しては鹿毛の馬と変わりなかったが、より「大胆」な行動を見せ（大胆という言葉は、「危険を冒し、斬新な行動をとること。自信、または勇気」と定義したことを思い出してもらいたい）、周囲にある見慣れないものに近づくことが多かった——つまり、たとえば鹿毛の馬とは違った形で周囲の状況に反応したのである。また赤毛の人間を対象とした研究では、痛みの感じ方が異なり、金髪の人や黒髪の人とは違った身体的反応を見せるので、麻酔薬などは必要な用量が違う場合があることがわかっている。だから、茶トラ猫についてまことしやかに言われていることにも何かしらの根拠があり、もしかすると茶トラ猫は他の猫より大胆で、新しいことを試すのにより積極的であり、無防備な立場に自らを置き、その結果、人間というのはなかなか良いものだと思うのかもしれない。

チリが農場で生まれたのだとしたら——私はなんとなくそんな気がしていた——おそらく人間と接触することはあまりなかっただろうし、我が家にやってきて私たち家族全員に囲まれたことで少なくとも多少は臆病になるだろうと思ったのだが、彼は少しも私たちを怖れず、すぐに満足げに私たちと家の中で暮らし始めた。チリはまだとても小さくて、自分以外の動物について学んだり、新しいことに立ち向かったりすることにより積極的な子猫の時期を脱していなかったのだろう。人なつこさは母親か父親から受け継いだのだろうか？　（おそらくは毛色に関係する遺伝子に助けられた）彼の大胆で自信たっぷりの性格が、子猫時代に人間との関わりがあまりなかったにもかかわらず、恐怖心を乗り越えさせたのだろうか？　どこかの家から逃げてきた猫で、人間に世話をされたことが以前にあったという可能性もあったが、誰かの子猫がいなくなったという話は聞かなかったから、真相は永遠にわからないし、私はチリが我が家にいることに常々感謝している。

他の二匹と比べてチリは抜け目がなく、あまりしつこくかまいすぎると（もちろん、そうしないように気をつけてはいるが）、引っ掻いたり、（そっとではあるが）嚙んだりするのもチリだ。チリが農場に住んでいた猫の一族であることはほぼ間違いなく、密集した被毛はスベスベともツヤツヤとも言い難く、冬ともなれば、一緒に暮らす私たちと一緒に暖かい室内でのんびりくつろいでいるくせに、その被毛はさらにフサフサになる。チリはほんの些細なことにも反応し、必要とあらば発揮する強い自衛本能の持ち主だ。そのくせ、私の子どもたちに逆さまに抱っこされても平気だし、頭をマッサージしてやるとものすごくリラックスして、子猫だったときと同じように、頭をだらりと垂らしてこれでもかと言うくらい喉をゴロゴロ鳴らすのもチリだ。他の二匹のどちらもこんなことに付き合ってはくれない。つまりチリは、自分に自信があるが、気に入らないことは我慢しないのである。

チリは抜け目なく外を監視するが、たまに外に見知らぬ猫がいるのを見ても、ちょっかいを出しに外に出ていかないだけの賢さがあるようだ。ただし、チリが（彼と体毛の色がまったく同じ）キツネを庭から追い払ったときには、私たちはチリは無事かとヒヤヒヤした。

チリを見つけたとき、私たちはすでに、ダイヤモンドという名の高齢の白黒猫を飼っており、甲状腺機能亢進症での長い闘病生活が終わりに近づいていた。ダイヤモンドが逝くまでは、私は他の猫を飼うつもりはなかった。おそらくダイヤモンドはチリの存在をよく思っていなかったのではないかと思うが、私たちはチリを飼うことにした——なぜなら、ダイヤモンドの具合がかなり悪いことはわかっていたし、ダイヤモンドがいなくなったときにはまさにチリのような猫を探そうと思っていたからだ。私たちはチリがダイヤモンドにうるさく付きまとわないようにした。実際、チリが近くに来ると、チリとしてはただ仲良くしたいだけなのだが、ダイヤモンドはイライラした様子だった。チリはといえばダイヤモンドに拒絶されても不快な様子を見せるでもなく、代わりに人間のそばに来た。悲しいことにダイヤモンドはその後間もなく天に召されたが、チリがいたおかげでその悲しみが紛れたことは確かである。

現在一〇歳のチリは、私たちが彼を見つけたときの、自信があって好奇心が強い子猫時代の性格そのままに成長した。おおらかで、私たちがすることの仲間に入りたがる。部屋を装飾したり改装したりするときには必ず近くに寄ってくるので、ミスター・DIYというあだ名がついたほどだ。後でチリのボディランゲージについて述べるのでわかると思うが、彼のこのおおらかさは隠しようがない。だいたいいつも動いており、じっとしていることができない——また何かいたずらしようとして……と私たちは言うが、とにかく彼は、常に何かに好奇心を抱き（詮索好きと言ってもいいくらいかもしれない）、周囲で起きているすべてのことに興味があるようなのだ。彼が一歳のとき、私たちはさらに子猫を二匹引き取ったが、チリは好奇心丸出しで、だが穏やかに優しく二匹を受け入れた。

チリは七歳のときに尿路結石ができて死にかけた。尿路が詰まって排尿できなくなり、尿が膀胱に溜まってしまう病気だ。膀胱がどんどんいっぱいになっていくだけでなく、尿中の毒が身体に回り、腎臓と心臓にダメージを与えて猫はひどい状態になる。結石を迅速に取り除かなければ死んでしまうこともある。

我が家に宿泊中だった友人のヴィッキー・ホールズと私が帰宅すると、チリがソファに横たわっている。顔をひと目見ただけで彼が苦痛を感じていることが見て取れたし、緊張した奇妙な姿勢をとっているので、何かが変であることはすぐにわかった。ヴィッキーは動物行動学の専門家であると同時に動物病院で看護師をしていたこともあるので、ヴィッキーと私は二人でチリをそっとキャリーバッグに入れ、夜も遅かったので救急動物病院に連れていった。尿路が詰まっているのだろうとは思ったが、正確に何が起きているかはわからなかった。獣医はカテーテルを使って尿を排出させ、次の日、かかりつけの獣医にチリを連れていき、チリの容態が安定して結石がなくなっていることを確認しようとした。だがその獣医は、カテーテルを抜き取った後にチリの尿路が詰まらないようにしておくことができず、専門医による手術を受けるため、私たちはブリストル・ヴェテリナリー・スクールを紹介された。手術の成功が確認できるまで、チリはしばらく入院しなくてはならず、私は娘と一緒に様子を見に行った。チリは動物病院のスタッフの人気者だった——すごく喉をゴロゴロいわせるし、かなり面白い猫だったからだ。

チリはすっかり回復した。以来、他には健康問題もなく、彼の面倒をよく見てくれた獣医や看護師の面々には感謝している。チリを医療保険に入れておいたのもありがたかった。

さて、次はメロだ。チリが一歳ほどのときに引き取った二匹の子猫のうちの一匹である。メロは美しいメスのキジトラ猫で、生後八週間で同腹のきょうだいオレオと一緒に我が家にやってきた。二匹は近所の農場で、おそらく血筋のどこかに純血種を持つ白猫を母親として生まれた。父親も農場に住んでいる猫である可能性が高く、同腹の四匹の子猫たちは、赤茶色、茶と白の斑、キジトラ、そして真っ白で、この上なく美しかった。メロとオレオはいずれも被毛が短くてツヤツヤしていた。子猫時代に人間と十分に接し、飼い主のベッドの上で生まれた二匹は、最初から人間を、自分の生活のごく当たり前の一部と捉えていた。二匹とも人を怖がらず、好奇心を示し、家族と一緒にいるときには誰の膝の上にも喜んで座り、肩の上で眠った。子猫を見に行ったとき、メロの性別を訊く必要はなかった――その顔はとても小さくて、メス猫であることが明らかだったからだ。メロは今でも人間が大好きで、ときには人間を「必要」とする猫のカテゴリーに入ることもあるくらいだ。これについては後でより詳しく述べる。

オレオはメロのきょうだいだが、見た目ではそれはわからない。なぜならオレオは真っ白で瞳が緑色をしているし、メロよりもずっと身体が大きくてがっしりしているからだ。ミスター・ホワイトと呼ばれることのほうが多いオレオのことを、ある人が「いい子だけど鈍い」と言ったことがある。オレオは、気が向かない限りあまり人とコミュニケーションをとろうとしないが、落ち着いていて逞しく、無口で、自分が直接関わっていること以外、周囲で起きることのほとんどを無視する。自分がしたいことをしているときのオレオは、三匹のなかで一番人との交流が少なく、外で獲物を捕って夜は人間のベッドの上で寝る生活にご満足だ。ただし、歳を取るにつれてこれにも変化が見られ、以前よりも私たちの膝に乗ったり私たちと一緒にいたがったりするようになっている。

座ることにかけてはミスター・ホワイトの右に出る者はいない。子猫のときでさえ、自分が行くと決めたところまで行くとオレオはすぐにそこに腰を下ろすか寝そべるかした——たとえそれが部屋の真ん中の床の上であろうとも。オレオは私の娘のことが大好きで、娘とは緊密な関係があり、娘には抱かれたりキスされたりすることもあるが、他の人には絶対にそれをさせない。娘が家にいるときは娘のベッドの上で眠り、娘が高校生で、新型コロナの流行で外出ができず家で勉強していたときには娘の膝の上に座っていた。

チリの尿路結石問題が起きたわずか数か月後、ミスター・ホワイトにも健康問題が勃発した。急に具合が悪くなり、獣医は電話で私に、信じられないことだがチリのときと非常に似た問題が起きているので、チリと同様、大学病院を紹介するのが最善策だと思うと言った。オレオには、輸血と、腎臓と膀胱の間の詰まりをなくすための「サブ」と呼ばれる装置［訳注／subcutaneous ureteral bypass、皮下尿管バイパスシステムのこと］を挿入する手術が必要だった。これは新しい治療法で、獣医たちはまだこれについて、またこれを改善する方法について学んでいるところだ。オレオは、紹介されたブリストルの動物病院に定期的に通ってバイパスシステムが機能していることを確認し、この装置を洗浄していたが、奇跡的にも二年後、結石が消えたので装置は取り除かれた。猫専門の獣医である友人に、二匹の猫がこれほど短い期間に同じ問題を発症したのには関係があるのだろうかと尋ねたところ、おそらくは奇妙で珍しい偶然だろうとのことだった。

ミスター・ホワイトは今では元通り元気になり、相変わらず穏やかで上機嫌だ。チリとオレオはどちらも、キャット・フレンドリー・クリニックで治療を受けたが、このクリニックは、そうした状況で猫が感じるストレスをきちんと理解し、尊敬と優しさを持って猫を扱ってくれる。二匹ともこの体験を上手に乗り切り、それ以来ずっと健康だ。

猫同士の関係

私は、猫それぞれの行動だけでなく、彼らが互いにどのように接するかに興味がある。メロとオレオは同腹のきょうだいで、子猫時代にほぼ同じように扱われ、良い体験をして育っており、避妊処置もされているが、性格は全く違う。二匹はあまり仲が良くなく、メロはオレオよりもチリのほうが好きだ。一番仲良しなのはチリとオレオで、血のつながりはないが、いつも一緒に遊んだり互いをグルーミングしたり丸くなって一緒に寝たりしている。猫は、好きな相手といるときにはグルーミングし合ったり、普通は頭や首のあたりをこすりつけあったりすることがわかっている。第5章で見たように、グルーミングをするのは、二匹のうち、より支配力があり立場的に上位の猫であることが多い。多頭飼いしている人は、そのなかの一匹が、他と比べてなかなか引き下がらなかったり、自分が欲しいものをはっきりと要求し（そして大抵それを手に入れ）たり、あるいは自分がしたいことをするために他の猫を脅かしているように見える、と思うことがあるだろう――おそらくそれが、グルーミングをするほうの猫だ。

我が家でグルーミングをするのはチリだ。オレオはよく、頭を低くして、グルーミングしてくれ、とチリに近づく。オレオはグルーミングされるのが大好きらしく、喉を派手にゴロゴロ鳴らす——ときどき高い音の交じる、もっとやれと相手を促すような音で。チリは大抵、要求を受け入れてグルーミングしてやるが、指を広げた前足でミスター・ホワイトの頭を、じっとしてろと言わんばかりに摑んでいることも多い。自然界では、ネコ科の動物が互いをグルーミングするのは短時間だし、グルーミングされるほうはじっとしている。実際に、ミスター・ホワイトはグルーミングされている間じっと座っているし、グルーミングがうまくいくと、自然におしまいになり、二匹とも寝てしまったりする。ただし、チリはたまに誘惑に逆らえず、きれいにしている最中の耳をちょっと齧ったりすることがある——するとグルーミングは決裂し、少々の取っ組み合いが続く。とは言え、そのせいでオレオが、グルーミングしてもらうためにできるだけチリに近づこうとするのをやめるわけではない。オレオがチリをグルーミングすることはなく、これは、グルーミングするのはより自信があるほうの猫である、という考え方にも一致する。ミスター・ホワイトは、チリより優位に立とうとするような素振りは一切見せたことがなく、しょっちゅうチリと遊び、ザラザラの舌で舐められるほうの立場でいることに大いに満足しているようだ。

この二匹は一緒に遊ぶことも多く、その結末は、グルーミングの最後に起きることに似ている——つまり、穏やかに終わることもあれば、取っ組み合いになることもあるのである。私が子どもだった頃、私たちが遊んでいてちょっと興奮しすぎると母が、「落ち着きなさい、さもないと泣くことになるわよ」と言っていたのを思い出す。チリとオレオが遊ぶときも同じだ。猫の行動の専門家であるサラ・エリスが遊びについて話すのを聞いたことがあるが、それはまさにこうした行動についてだった。エリスによれば、猫が遊んでいるとき、その周りで遊んだり後ろに隠れたりできるものがその場にあると、乱暴さがエスカレートする（さらには遊び方があまりに手荒なので唸ったりシャーッと言ったりする）ことはないという――それによって緊張が途切れるからだ。我が家の猫たちは、小さな小さなオットマンで遊ぶ。高さ二〇センチほどで、冬はラジエーターの隣という特等席に置かれている。母が上面に刺繍を施したものだから、引っ掻いても気持ち良いらしい。片方の猫が（もちろんチリだ）オットマンに乗り、もう片方（ミスター・ホワイト）が完全に下に隠れる。それからミスター・ホワイトが、オットマンの下からそーっと這い出してチリを叩いたり掴んだりし、そしてまたオットマンの下にパッと隠れる。猫たちは熱狂するが、このオットマンの周りで遊び、ちょっとの間お互いから離れることが可能な限り、興奮しても遊びは遊びのままだ。ところが、広々として何もないところに場所を移すと遊びは荒っぽくなりすぎ、チリとミスター・ホワイトは互いにシャーシャー言い合った後に互いから離れて身づくろいをし、それぞれの日常に戻っていくのである。こういうときは、耳が後ろ向きになっていたり、身体を横向きにして歩いたり、尻尾を左右に激しく振ったり、互いをじっと睨みつけたりといった、普段なかなか目にしないボディランゲージが観察できる良い機会である。その結果、膠着したまま引き分けで終わったとしても、チリとミスター・ホワイトの仲の良さには少しも影響しないようである。

メロは、オス猫が二匹とも好きではない。なぜなら、雨が降ると二匹は濡れたくないので外に出ず、家の中で退屈して落ち着きをなくし、メロを追い回して退屈を紛らわそうとすることが多いからだ。また、自分たちがそこに座りたいからと、メロをお気に入りの場所から追い出そうとしたりもする。メロを傷つけることはないが、メロは常にその可能性を意識しており、おそらくはオス猫二匹がいないほうがいいと思っているであろうことは私にもわかっている。メロがこの二匹とグルーミングしたり一緒に丸くなって寝たりということは決してない。三匹ともソファの上で寝るが、メロと二匹は離れているし、二匹は一緒に餌を食べたり、私たちがしばらく家を留守にして帰ってくると並んで待っていたりする。ただしメロにはちょっと用心深すぎるところもある——メロとミスター・ホワイトを、彼らが生まれた農場にもらいに行ったとき、オス猫は（オレオを入れて）三匹いて、犬用のベッドで格闘ごっこに興じ、一方のメロは三匹から離れた檻の隅っこにちょこんと箱座りしていた。こういうところは今も少しも変わっていないのだ。

第4章（一一六ページ）で紹介した、身体的な接触に対する飼い猫の反応の図に、私の三匹の猫の行動を重ね合わせると興味深いことがわかる。メロの反応はその大半が「我慢」「喜ぶ」そして「必要」だ。誰かがメロを抱き上げようとしたり、あまりにもきつく抱きしめたりすると、それが好きでないので「避ける」行動をとろうとする。また、人間に対してそうするのは見たことがないが、他の二匹がメロにちょっかいを出そうと近づいてきたときには「防衛行動」に出る。ミスター・ホワイトが人に近づくときは「我慢」と「喜ぶ」行動を見せる（ただし「必要」な素振りは見せない）が、一匹でいる時間のほうが長い。とは言うものの、最近の彼は、自分が座りたいときに人の膝に乗せろと強く要求するようになった。今、私はソファに座り、膝にラップトップを乗せてこの原稿を書いているが、ミスター・ホワイトがコンピューターの端と私の間に割り込んできてゴロゴロいいながら私の腕に頭を乗せているものだから、非常に文字が打ちにくい。彼が「避ける」行動をとることがめったにないのはおそらく、自分から積極的にコミュニケーションをとりたいとき以外は相手に近づかないし、あまり感情の起伏がなく、「避ける」よりも「我慢する」傾向にあるからだ。チリと遊んだりグルーミングしたりしていて少々興奮したとき以外は、「防衛行動」をとることはめったにないし、人に対してそういう行動をとるのを見たことがない――しょっちゅう彼をキャリーバッグに入れて獣医のところに連れていかなければならないにもかかわらず、である。

チリは、注目されたいときにはさかんに「喜んで」みせるが、撫でられたくないときに撫でられても「我慢する」のも上手だ。彼は、撫でようとする手の下で身を低くして、手が届かないようにする。これは「避ける」行動に入ると思う。こうした些細な動きは面白いほどに正確で、あなたの手はギリギリのところで猫に届かない。チリは大抵何かするためにどこかに向かっている途中で、それに意識を集中させており、他のことに気を散らさない。ものすごく人なつこく、人の注目を求め、常にお腹を空かせていて何でも食べる犬として知られるラブラドールレトリーバーを飼っている友人と、この「身を低くする」行動について話したことがある。「この子はきっと、身体を低くすることはないでしょうね？」と私が訊くと、友人は、餌をやるために、犬に話しかけたり頭を軽く叩いたりしながら餌を入れたボウルを床に置こうとすると、まさに身を低くして触られるのを避けると言う――餌のボウルと夕飯を食べることにあまりにも意識が集中しているからだ。つまり、究極の人なつこさで知られる犬でさえ、身をかがめて触られるのを避けることはあるのである。チリはまた、彼ならではの特定の状況下や、何かの目的に意識を集中しているときに見せる一心不乱さと同じくらいの固い決意で人とコミュニケーションをとろうとするときには、人に触られるのを「必要」とする様子を見せる。たとえばあなたが机に向かって仕事をしているときや、朝の身支度をしているときにあなたを追い回し、前足でつついたり喉を派手にゴロゴロいわせて注意を引こうとするのである。

猫同士の関係と「テル」

あなたが家で飼っている猫のボディランゲージを観察してみよう。できれば、見るからにわかりやすい、だが極端な行動――猫同士の関係が緊張していたり、人間を怖がっていたりするときだけに見せる行動――にはお目にかかりたくない。ただしあいにくそれ以外の行動はもっとさりげなくて、その分読み取るのも難しい。身体、頭、耳などの位置や方向については前述したが、その一つひとつをバラバラに見たのではダメで、全身と、どういう状況でその行動が起きたのかを見てみないことには、その猫に何が起きているのかを本当に理解することはできない。

ポーカーをする人は、「テル」という言葉を口にする――自分が考えていることを隠そうとしたり、あるいは相手を騙そうとしているときに、無意識に外に出てしまう癖のことだ。人はよく、猫は人を騙すのが大の得意で、自分が病気だったりどこかが痛かったりしても、弱いところを見せないようにそれを隠そうとする、と言う。また、猫は他の猫と一緒に暮らす必要がなく、猫同士のコミュニケーションは主に他の猫を遠ざけておくためのものであることから、わかりやすい顔の表情も発達しなかった。わざと相手を騙そうとしているわけではなく、顔でメッセージを伝える術を持たないのだ。猫たちの、微妙な、隠されたメッセージに気づくことができたなら、ポーカープレーヤーのテルを見破ったときと同じくらいの満足感を得られることだろう。猫が、自分が考えていることを意図的に私たちから隠しているのではないとしても、それらは、彼らが考えていることを知るためのヒントになり得る。私たちは、人間のボディランゲージさえ満足に理解できない――無意識のうちに気がつくものもなかにはあるが、私たちはその多くに気づかなかったり、その重要性を理解できなかったりするのである。もしかすると、猫をよりよく観察することで私たちは、人間のボディランゲージに対してもより敏感に察知することができるようになるかもしれない。

我が家の猫は、飼い始めて九年と一〇年になるので、私たちはお互いをよく知っている。私の子どもたちは成長して巣立ち、家には私と私のパートナーしかいないことがほとんどだ。では、我が家の猫たちに特有の「テル」を見てみよう。

メロは社交性が高く人間が大好きで、撫でられるのを喜ぶ。だが、抱き上げられたり抱きしめられたりするのは好きではない――状況を自分でコントロールできなくなり、逃げなければいけないときに困るからだ。メロが私たちから逃げなければならない状況など起こるはずがない、と私たちは考えるが、メロは本能的にそう感じるのである。ただし、ときにはメロも人間にかまってほしくて仕方ないことがあり、おそらくはその二つの気持ちの間で葛藤することがある。メロは、チリとオレオに追いかけられるのが嫌いなので、いつでも動けるように少々身構えている。二匹が何か企みながら近づいてこようものなら文句を言う。チリよりも、自分のきょうだいであるオレオに対する警戒心のほうが強く、チリのことは好きなようで、チリのすぐ近くに座ったり、近づいて匂いを嗅いだりする――ただし、チリとメロが頭をこすりつけあうことはない。

メロを観察していると、彼女が「耳使い」であることに気づく。何かをじっと考えているとき、あるいはただリラックスしているときでさえ、メロの耳は周囲で起きるどんな些細なことに対してもいちいち反応して動く。警戒しているときは、二つの耳が同時に、あるいは二つ別々にピクピクと動き、メロの頭の中で何が起きているかがほとんど目に見えるようだ――気にかかる音が聞こえると、メロの耳はくるりと後ろを向くが、間もなく元に戻る。普段は前向きにピンと立っており、撫でられている間も耳はそのままで、あなたの顔を見てあなたがどんな反応をするかを窺っている。完全に後ろにたたまれることはめったになく、何かが心配だったり葛藤を感じたりしたときに例のU字形になるだけで、安心するとすぐに元通り前向きになる。メロは反応が素早く、膝に乗っているときにほんの少しでも動こうものなら立ち上がって行ってしまう。我が家では、メロが膝に乗っているときには他の人に頼んで静かに物を渡してもらうことになっている――ちょっとでも動けばメロは膝から降りてしまうからだ。

一方、チリは「尻尾使い」である。教科書には、猫が尻尾を動かすのは怒っているか何かに不満だからである可能性があり、良い兆候ではないので、あなたがそのとき猫にしていることはやめたほうがいいという警告であると書かれている。一般的には、猫の行動がエスカレートして防衛行動につながるのを防ぐというのは良いアドバイスだし、興奮している猫には近づかないのが賢明である。ただし、繰り返しになるが、こういうことは猫の性格に照らして考えないといけない。なぜ私がこう言うかといえば、チリはしょっちゅう尻尾を振るからだ――実際、ほとんど何をするときでも、彼は尻尾を左右に揺らすのだ。ゆらりゆらりと動かすこともあるし、犬のように振ったり、ときにはシュッと素早く動かす場合までさまざまだ。チリの尻尾は長くて太く、尻尾の先を持ち上げないときはそれが床の上を引きずる。チリは全然怒りっぽくないし、攻撃的でもない――周囲をよく観察しつつ、面倒には巻き込まれたくないのである。好奇心が強く、人間のしていることを近くで眺めるのが大好きだ。

メロの耳と同様に、チリの尻尾がゆっくりと左右に動いているとき、私はチリが何かを考えているのだと解釈している。そしてチリの尻尾はほとんど常に動いている。たとえば庭にいる鳥を眺めているときには、尻尾は左右に揺れ、ピクピクと動く。どこに行くかを決めようとしているときも尻尾は動く――それは彼が何かを考えるときの「テル（癖）」なのであり、尻尾は聞くもの見るものすべてに反応して動く。チリはまた尻尾を使ったコミュニケーションが好きで、私たちの脚にスリスリするときには尻尾を脚に巻きつける――尻尾の先をまるで手のひらのようにぎゅっと曲げて巻きつけるのだ。私のパートナーと私はまた、チリの、相手を探るかのような尻尾の動きを経験したことがある。たとえばチリが机やベッドの上に座ってゆっくりと尻尾を振っている最中に尻尾があなたの手に接触すると、チリはあなたに触れたことがわかり、パッと尻尾を手から遠ざけるが、引き続き尻尾は振り続け、数回ごとに、まだあなたがそこにいることを確かめるかのように尻尾であなたの手に触れては遠ざける。それはきちんとコントロールされた動きで、尻尾を使って周囲の状況を把握しているのである。チリ以外の二匹がこんなふうに尻尾を使うことはなく、ほとんど何をするときも尻尾はじっとしている。

先端の色がやや薄くなっている茶褐色の立派な尻尾は、チリという猫の大きな特徴だ。チリの耳はメロの耳ほど動かないが、ひげからもまたたくさんのことが読み取れる。人と一緒にいたい、そしてコミュニケーションをとりたい、というときには、ひげは前向きに、ほとんど逆立ったようになるが、これもチリ以外の二匹とは違うところだ。二匹がチリと同じようにひげを使うかどうかを観察したところ、使いはするもののチリほど大々的でも熱心でもなかった。それはまるで、チリの体内には熱烈な関心とエネルギーがあふれていて、抑えようとしてもそれが尻尾とひげから漏れ出ているかのようである。

オレオ――またはミスター・ホワイト――は「テル」がずっと少なく、気持ちを外に表さない。メロが耳を、チリが尻尾を動かすような癖を持たず、静かに、かつ自信にあふれて日々を過ごし、チリに対してはほんの少し下の立場で仲良くやっている。オレオの耳が動くのを見たければ、ヘアードライヤーか掃除機のスイッチをオンにすればいい。逃げはしないが、耳をお決まりのU字形にして不快感を示し、その音がやむまで混乱した表情をしている。しっかりしていて単純で、私たちの注意を引きたいときにはそうするが、さもなければ淡々と我が道を行く。

飼い主の注目を要求する

我が家の猫たちは家と外を自由に行ったり来たりできるので、(もしもまだ提供されていない場合に) おねだりする必要があるのは、餌と飼い主の注目、あるいはたまに、何かがおかしいときにそれを私たちに知らせようとする場合だけだ。そして、想像がつくと思うが、そのやり方はそれぞれに個性的である。

チリは、餌や私たちの注目が欲しいときには身体を私たちにこすりつける――文字通り、身体とその立派な尻尾を私たちの脚に巻きつけ、歩いている私たちは転びそうになる。空になった餌のボウルに餌を足させるために私たちをボウルに向かわせたいのだが、チリは自分に気づかせるのにあまりにも一生懸命なので、餌が欲しいのだろうと推察してその場を離れるしかない。私の推察が正しければ、チリは餌を取りに行く私の脚に前足をそっと絡ませる。一〇歳になったチリは最近、そうやって前足を絡ませるのと同時に、念のため、かなり情けない小さな声でニャーと鳴くようになった。チリは普段あまり鳴かず、声はとても小さくて穏やかだ――たとえば、家に入りたいのだけれどドアが閉まっているので、ドアを引っ掻いて開けようとしながら小声で不平を言うときのように。

猫が前足を使ってグルーミングしたり、餌を掴んだり、物を調べたり、自己防衛をしたりするのを見れば、彼らには私たちに合わせて前足の使い方を適応させることができると知っても驚かないだろう。

イギリスには、猫が四本の指と向かい合わせになる親指を発達させ、手みたいな前足で物を掴めるようになったおかげで世界を牛耳るようになった、というテレビコマーシャルがある。このコマーシャルが成功した理由はおそらく、私たちが、それが実際にあり得ることだと思っているからではないだろうか。チリの前足の使い方は年月とともに発達し、今では彼は、前述した以外の目的で私たちの注意を引きたいときにも前足を使う——チリは前足で私たちに触ったりトントン叩いたりすることを覚え、喉を派手にゴロゴロいわせながら撫でろと要求するのである。そういうとき、チリは撫でようとする手を避けて頭を低くしたりはせず、頭を手に押し付けるようにして恍惚とした表情で目を閉じる。鼻のてっぺんのあたりや目の間を撫でてやると、ほとんどトランス状態に入ってしまったように見える。

チリが何か気に入らないものに出くわしたときもすぐにわかる。両方の前足を交互に振りながら、水溜まりや、試してみたけれど気に入らなかった餌や、嫌な臭いのもとから遠ざかるのだ。「これは嫌い！」というとてもはっきりしたメッセージである。チリはまた、「興奮発作」とも呼ぶべきものを見せる——ときおり発作的に、身体を私たちにこすりつけ、すごい勢いで喉をゴロゴロいわせることが、この頃では珍しくなくなっているのだ。私たちがトイレに入っていようが、ビデオチャットを始めようとしていようがお構いなしである。何がそのきっかけになるのか、どうしてその場所でそれが起きるのかはわからない。他の猫もそうだが、チリも階段にいるとひどく興奮し、手すりの間から前足を出して私たちを摑んだり、撫でようと思って私たちが手すりの間から手を伸ばすと少々荒っぽくその手を摑んだりする。だからそういうときはそっとしておくのが一番だ。もちろん、階段というのは自分以外の者が上がったり下りたりするのを邪魔できる支配的なポジションでもある。階下に下りようとして階段の一番上にいる私をチリが見つけると、彼は必ず、まるで子どものように、急いで駆け下りて私に勝とうとする。こういう猫の変なところが私たちは大好きなのだ。

一方メロはとてもおしゃべりで、いろいろな声で鳴く——何かを要求して静かにニャーと鳴くこともあれば、どうしても何かが欲しいのにそれが手に入らないときは、長々と、ちょっと怒ったような調子でうめくように鳴く。情けなく聞こえる声からすごく怒っている声まで鳴き声はさまざまだ。たとえば、一一六ページの図で「必要」を表しているイラストは、今メロが私たちに注目を要求するときの様子にそっくりだ。メロはだんだんと鳴き方のレパートリーを増やし、後ろ脚だけで座って前脚を上に伸ばし、まっすぐに私の顔を見ながらニャーニャー鳴いて私の注意を引こうとする。実際、猫がじっと見つめられるのを嫌う件について書きながら私は、メロの、まっすぐに人の顔や目をじっと見つめて注意を引き、あなたの反応を窺うという癖のことを考えていた。メロは明らかに、自分が私たちを攻撃的な意味で凝視しているとは思っていないし、私たちが見つめ返してもそれを攻撃的とは捉えていない。思わず手を伸ばせば（もちろんそうせずにはいられない）、メロは私の手を前足で（爪は出さずに）摑んで、そっと自分の頭のほうに引っ張って撫でろと言う。猫は自分が触ってほしいところに人間が触りやすい位置へ身体を移動させ、頭の周りを撫でられるのが好きで、気持ちが良いと目をつぶる、という研究結果がある。まさにメロは前足で私の手を引っ張り、私が顎の下を撫で、彼女が私の手にスリスリしやすい位置に頭を持ってくるのである。

メロはまた、この家に住む人間とさかんにコミュニケーションをとるし、来客も大好きだ。メロが後ろ脚だけで座って前脚を上に上げる仕草は、まるで私たちが芸を仕込んだかのように見えるが、メロはこれを自力で編み出したのであり、そしてその様子があまりにも可愛いので、当然、百発百中で私たちはそれに応える。私たちが彼女を躾けたのではなく、メロが私たちに反応の仕方を仕込んだのだ――そして私たちが反応するたびに、彼女の行動は強化されていく。もちろん私たちは、メロが私たちの目の前に座ってニャーニャー鳴いているときちょっとだけ彼女をじらして、彼女が思わずもうひと踏ん張りして後ろ脚だけで座るようにする誘惑に勝てない。メロは人の膝に乗るのが好きだし客人が好きなので、知らない人だからといって差別しないし、むしろ初めての人には余計にその注意を引こうとすることもある。ときによっては、まるで私たちが普段彼女を無視していて、知らない人に自分の要求をぶつけなければならないかのように見えることさえある。

メロが「興奮発作」を起こすのは、完成に何日もかかるジグソーパズルがテーブルの上にあるときだ――あなたがテーブルに向かうやいなや、メロにはあなたがそこに座り、自分に注意を向けさせることができるということがわかる。あなたがテーブルに着く前に、小さな声でルルルと言いながらパズルの上に跳び上がり、盛大に喉をゴロゴロいわせて、パズルを完成させようとしている私の手を舐め（ひどい迷惑だ）、パズルの上に座って、私が撫でてやらないと、私がそちらに注意を向けるまで、そっとパズルのピースを前足でテーブルの端から下に落とすのである。

おそらくすでにお察しのことと思うが、ミスター・ホワイトはおしゃべりではないし前足もあまり使わない。でも彼は挨拶が上手で、しばらく離れていた後で撫でようと手を伸ばすと、後ろ脚で立ち上がって頭を手に勢いよくこすりつけてくる――ただし一回だけだ。インターナショナル・キャットケアで使うビデオの作成のためにミスター・ホワイトのこの仕草の動画を撮ろうとしていたとき、私はカメラマンに、彼を撫でないでくれと頼まなければならなかった。なぜならミスター・ホワイトがこの仕草をするのは一度きりで決して繰り返さず、私たちはその一度をフィルムに収めなければならなかったからだ。

餌が欲しいときミスター・ホワイトは、あなたをじっと見つめながらまるで「叫ぶ」ように大声で一度ニャーと鳴き、あなたが反応しないとそれを数回繰り返す。聞き逃しようがない。それから彼はまた無言になるが、餌を床に置くと喉を鳴らす。朝、寝室の私たちのところに来ると、彼はベッドに跳び乗り、何かを要求するような大きな音で喉をゴロゴロいわせ、頭を何度か撫でてやるまで前足で熱心にフミフミをし、撫でてやれば満足して、寝そべってお昼まで眠っている。一度、キャットフラップが固まって開かなくなってしまったことに私たちが気づかなかったとき、外に出たいミスター・ホワイトが同様の手を使ったことがある。それは有名な古い白黒映画の「どうしたラッシー、誰か井戸にでも落ちたのか？」という場面を真似したかのようだった――犬のラッシーが、飼い主が自分の後についてくるまで吠え続け、飼い主を事件の現場に連れていくと、本当に誰かが井戸に落ちていた、というあの場面だ。ボウルには餌があったので、ミスター・ホワイトが叫んでいる理由は明らかに餌の要求ではなかった。彼は大声で鳴きながらキャットフラップまで歩いていき、ようやく私たちは、何をしてやらなければいけないかがわかったのだ。猫は意思を伝えられない、と言う人がいるがとんでもない。私たちはすっかり感心した。

私は我が家の猫たちが爪をとぐところをずっと観察している。複数の猫を飼っている家では、猫は自分以外の猫や飼い主へのメッセージとして、あるいはその注意を引くために爪をとぐと考えられている。一番爪とぎが多いのはチリで、階段や（彼はとても興奮する）、跳び乗る前のベッドで爪をとぐ（私たちがベッドにいなくても爪をとぐのかどうか定かでないので、試してみる必要がある）。私たちはチリがどういう素材で爪をとぐのが好きか知っているので、わざと革のソファを買った。おかげでソファは爪とぎを免れている。だがチリは、私たちのサマーハウスに入るのが大好きだ。普段は鍵がかかっているが、今その中には（爪とぎに絶好の布で覆われた）家具やガラクタがいっぱい置いてある。ドアの鍵を開けるやいなや、チリはどこからともなく現れてまっすぐ家具のところに行き、まるでずいぶん長い間爪とぎに適した素材にはお目にかからなかったかのように爪をとぐのである。メロは、餌を食べる場所の横に置かれたテーブルの脚で、餌のボウルが置かれるのを待っている間に爪をとぐ。サマーハウスの中で爪をとぐのも大好きだ。彼らが爪をとぐ理由は、爪を尖らせる必要性だけでなく、自分の存在をひけらかすという意味合いも大きいようにみえる。面白いことに、ミスター・ホワイトは家の中では一切爪をとがない——もしかすると彼の物静かさは、目立たない、だが確固とした自信の表れで、何かを証明する必要がないからなのかもしれない。

猫に触るとき

我が家の猫はみな、生まれてからずっと、優しく、敬意を持って扱われている。私たちは猫を怒らせるようなことはしないし、お腹に触ろうともしないし、猫に主導権をとらせるようにしている。ほとんどの猫はお腹を触られるのを嫌う——猫が喧嘩をするときは、相手の弱点であるお腹を後ろ足で引っ掻こうとするのである。ただしなかには平気で人にお腹を撫でさせるほどリラックスした猫もいて、前脚を頭の上に伸ばして寝転び、撫でられるのを楽しんだりもする。あなたの猫に、ゆっくり優しく試してみよう——あなたの猫がそれをどう思うかはすぐにわかるはずだ。我が家の猫たちはお腹を撫でられるのは好きではなく、そんなことをすれば手に爪を立てられるか、その状況から逃れるために急いで向こうに行ってしまう。

猫はよく、人間のこともグルーミングする。もしかすると猫は、私たちが撫でるのを、グルーミングされていると思うのかもしれない。グルーミングされるのが好きなのは頭の周りで、私たちの手に頭を押し付け、撫でてほしいところに手を誘導する。前足は、撫でられるどころか触られるのも嫌いらしく、その可愛らしい前足に触ろうとしただけで乗っていた膝から跳び下りてしまう。前足をそっと持ち上げて上側を撫でることはできるかもしれないが、それ以上のことは彼らをとてもイライラさせることが明らかだ。

人はみな猫にキスしたがるが、猫のほうはそれに乗り気でないことが多い。私の娘が、ソファの端に娘と一緒に座っているメロにキスするところを見ていたら、肘掛けの上からメロのほうに娘が身をかがめると、メロは、娘の唇が触れる前からキスを避けるように両耳を平らにし、キスが終わると元通りピンと立てた。注目されるのが大好きなので我慢するのだが、あまり好きではないようだ。娘とミスター・ホワイトの間には、とてもシンプルで物静かだけれど揺るぎない関係があり、彼はよく、勉強している娘の横に座っている。今では、娘がキスしようとするとそれを我慢するし、頭を娘のほうに近づけさえするが、娘以外の家族には決してそういうことはしないと思う。娘が無意識に、キスしようとしているという合図をミスター・ホワイトに送ると、彼はキスされる準備をして頭を娘のほうに押しつけ、しかもそれを楽しんでいるように見える。娘は彼をきつく抱いて身動きが取れなくしたりはしないので、嫌なら逃げることはできる。二人の間には明らかに、何年もかけて築き上げた信頼と優しい関係があり、彼はそれに満足しているのだ。

チリはキスされるのを我慢することもたまにはあるが、大抵は逃げてしまう。三匹とも、自分からは抱かれたがらないし、ちょっとの間は我慢するけれども、不満そうな声で鳴くことが多い。チリは、いかにも彼らしく抱き上げられるのを避けようとはするが、いったん持ち上げられ、お気に入りの抱かれ方をすると、片方の腕の上に座り、もう片方の腕で押さえられた（きつくは抱きしめない）状態で、いつもより高い、眺めの良い位置からあたりを見回す。それを見ると私は、ポケットサイズの小型犬が高く持ち上げられて、人間のくるぶしの高さからの眺めばかりでなく上から周りを眺めるのが大好きなのを思い出す。そういう高い位置にいると、飼い主が一緒にいることにも勇気づけられて、偉そうに親分風を吹かせたり攻撃的になったりする犬も多い。チリの場合は、ただ静かに座ってあたりを見回すだけだ。以前飼っていた猫のダイヤモンドは抱き上げられるのが大嫌いで、抱かれると絶望的な声で鳴いたものだった。生まれて間もない子猫のときからそうだったので、私たちは、キャリーバッグに入れるときなど、どうしても必要な理由がなければ抱かないようにしていた。

前述した「スローブリンク」はどうだろう？　じっと見つめるのをやめてスローブリンクするのは、私たちが彼らにとっての脅威ではないということを猫が認めたしるしであると考えられている。スローブリンクはわかりにくく、猫を見るときは、睨んで威嚇しているのだと思われないように、直接ではなくて猫のちょっと後ろを見るようにするのがいい。ただし確信はない。私は私の猫で試してみることにした。まずはメロ。メロはしょっちゅう私の顔を長い時間見つめながらニャーニャー鳴いて私の注意を引こうとする。私がどんな反応をするか観察しているらしく、見つめ返しても平気である――彼女にとっては私の反応を見ることのほうが重要で、私が見つめても脅威とはとらないらしい。メロが膝の上に座って私を見ているときに、私がゆっくりと大げさなまばたきを二回ほど繰り返すと、メロは目を半分閉じてからゆっくりと完全に閉じ、それから半分開き、その後目を閉じることが多い。

興味深いのは、チリとミスター・ホワイトの反応を見るために私が彼らと目を合わせようとしても、二匹とも、メロのように私の顔を見ようとはしないということだ。彼らからはまだ、スローブリンクをしてもらったことがない。二匹ともメロよりリラックスしているので、もしかしたら彼らには、スローブリンクで安心する必要がない（あるいは別にどうでもいい）のかもしれない。

また、猫は何かを恐れたりストレスを感じたりしているときに、唾を呑み込んだり鼻や唇を舐めるとも言われているが、白状すると私自身はそれを実際に目にしたことはない。我が家の猫がそれほど怖い思いをしたことがないのがその理由だと思いたい。たまに知らない猫が家に入ってきて三匹が興奮することがあるが、そんなときは大騒ぎになるため、私は状況を鎮静させるのに忙しくて猫たちの反応を見る暇がない。こういうときも、三匹の反応はバラバラだ——チリはじっと座って状況を眺め、騒ぎに関わろうとしないし、ミスター・ホワイトは大声で鳴きわめくが近づかない。実際に行動に出て見知らぬ猫を追い出すのは、小さなキジトラ猫、メロなのだ。侵入者の影響が一番尾を引くのもメロで、チリとミスター・ホワイトがその場から離れて昼寝をしている一方で、メロは知らない猫が入ってきた場所を何度も見ては、その猫がもうそこにいないことを確認する。

メロの「心配性」な性格は、ときどき、我が家に遊びに来る際に猫たちのことを思ってくれる心優しい客人たちに、キャットニップ入りのおもちゃをもらったときにも表れる。三匹ともキャットニップは大好きで、おなじみの反応を見せるのだが、面白いのは、オスの二匹が近くにいるとメロはそのおもちゃで遊ぶことに対して慎重になるということだ。キャットニップは猫の自制力を低下させるようで、猫は興奮したり攻撃的になったりし、遊び方が乱暴になることがある。だから私は、二匹のオス猫とメロを別々に遊ばせる——メロが、キャットニップがあると興奮しやすくなる二匹から目を離すことを心配せずに、リラックスしておもちゃを楽しめるようにするためだ。メロは、オスの二匹が喜んでするような乱暴な格闘ごっこはほんのちょっとでもしたくないのである。

猫には自分の名前がわかるのか?

メロとオレオがまだ子猫だった頃、二匹を初めて庭に出してやる、あのドキドキする時期が来たときのために、名前を呼んだら戻ってくるようにしなければならないことが私にはわかっていた。そこで私は、餌をやるときや、彼らが好きなことをしてやる前に、高い声でリズムをとりながら、「おいで、おいで、おいで」と言い、猫たちをその呼び方に慣れさせ、何か嬉しいことと関連づけるようにした。広い外の世界が彼らにとってどんなに魅力的でも、呼べば戻ってくるはずだった。そして実際に彼らは戻ってきた。最初は、二匹と一緒に私も外に出た後に、家の中から彼らを呼び戻したが、だんだんと二匹だけで外に出してしばらくしてから呼び戻すようになった。甲高い声で彼らを呼ぶのは本当に効果的で、呼べば庭のどこにいても二匹は姿を現した。正直なところ、いったん二匹が外に出ることに自信をつけ、二匹が外にいても大丈夫と私が思うようになった後は、もうこうやって二匹を呼び戻すことはめったになかった。現在は、彼らをしばらく見かけず、どこにいるのかが心配になったときだけだ。今でもこの呼び声は効果があるようで安心している。

普段は、彼らに声をかけるときは温かい声音を使うようにしている。猫は自分の名前がわかるという研究の結果を読んだことがある。名前を呼ばれると耳や頭がほんのちょっと動くのがその証拠だ。我が家では、どの猫のこともいろいろな名前で呼ぶ——オレオの別名はミスター・ホワイトだし、チリはチルスとかトラブル、メロはメルズとかバブズ。娘が家にいるときはさらに別の名前で彼らを呼ぶ。つまり、結局のところ肝心なのはおそらく声の調子であり、猫は実際に、私たちがそれぞれに対して使う声の調子や言葉を聞き分ける。猫は、とても頭が良くて観察力の鋭い動物なのだから（自然界で生き残るためにはそうでなければならない）、私たちが自分に話しかけているのがわからないわけがないではないか？

猫たちに膝に乗ってもらいたいときには、座ってもらいたいところを軽く叩くことにしている。すると猫たちには、乗ってもいいのだということがわかるのだ。通常は、猫が跳び乗る膝を探している様子を見せるまで待つ——すると猫たちは、私たちのメッセージをすぐに理解する。ただし、何か他のことをしているときには膝を叩いても反応するとは限らない。私たちを無視することもあるが、猫たちも歳を重ねた今では、メッセージはすぐに伝わる。最初からそうだったわけではない——猫たちが若かったときには、私たちのことをまるで頭がおかしいのではないかという顔で見るだけだった。互いに互いを理解するためには時間が必要で、優しく簡潔なメッセージを、辛抱強く繰り返すことが欠かせないのだ。

我が家の猫たちにはそれぞれの好みもある。たとえばミスター・ホワイトは、まず私たちに、膝の上に毛布をかけてもらいたがり、私たちがそうするまでおとなしくじっと待つ——さもなければソファから降りて待ち、毛布が膝の上にあるのを確かめてから戻ってくる。メロは、膝の上においで、というメッセージが毛布を置くことで中断されると混乱し、膝に乗る気がなくなって、最初からやり直さなければばならなくなる。膝を軽く叩いて猫を呼ぶ動作は、これ以外のときや庭にいるときにも使える。つまり彼らはこの動作を、ソファの上で私たちの膝に座る以外の状況にも拡大して理解したということだ。

猫を飼う喜び

自分の飼い猫の話をするのは少々きまり悪いが、三匹の個性について考察することが、あなた自身の猫を観察し、理解して、時とともに育まれ強まっていく猫とのコミュニケーションを助ける一助になることを願う。白状するが、この本を書くことで私は彼らをよりつぶさに観察したし、彼らの個性を分析するのは楽しかった。子猫には逆らいがたい魅力があるとはいえ世話をするのは大変だ。一方、歳取った猫を飼うのはとても楽しい——彼らは私たちとコミュニケーションをとる方法を築き上げただけでなく、家の中で何がどういう仕組みになっているか、何が起きるのかを完全に理解し、粛々とそこに溶け込むのである。

猫とは落ち着いた友情を育むことができるが、それには何年もかかる。いなくなると淋しいのは当然だ。猫は個性が強いという事実もまた、いなくなったときにその素晴らしい性格を思い出させることになるが、だからこそまた私たちは、別の独特の性格を持った猫を私たちの生活に迎え入れ、その性格に基づいた関係を築くことができるのである。

謝辞

猫のことを理解しようと努めてきた長い年月にわたって私にさまざまなことを教えてくれたすべての人たち――獣医、動物行動学者、研究者、野良猫の世話をする人たち、熱心な猫の飼い主、そして猫のための薬や製品を開発している企業の人たち――に感謝したい。「何でも屋」の私は、彼らが惜しみなく共有してくれる専門知識や経験の恩恵を受けるという恵まれた立場にあり、彼らと協力して猫のためにできるだけのことをするのはとても楽しい。これまでに私が飼ったすべての猫、そして、今も私を訓練し続け、この本にも登場する三匹にも感謝している。

訳者あとがき

巷には、猫に関する書籍があふれている。小説やエッセイを除いて、飼育に関係する実用書だけをとっても驚くほどの数である。そんななか、一〇年前に翻訳させていただいた『ネコ学入門』が、愛くるしい猫の写真も女子にウケそうなイラストもなく、ふてぶてしい表情で読者を睨みつける中年猫を表紙に冠しつつも売れ行き好調だったのには、正直なところ驚いた。

本書は、その『ネコ学入門』の原書、クレア・ベサントによる著書『How To Talk To Your Cat（別タイトル／The Cat Whisperer）』の改訂版である。イギリスの慈善団体であるインターナショナル・キャットケアの代表であった期間中に書かれた初版に対し、改訂版はその二〇年あまりの後、著者が代表の職を辞してからの出版であり、その間に著者が深めた経験と知見をもとに内容がアップデートされて、全体として、客観的かつ動物学的な解説よりも、猫の心理や、猫と人間のコミュニケーションに、より重点が置かれている。前作が『ネコ学入門』であったのに対して本書が『ネコ学』であるのにはそういう背景がある。

インターナショナル・キャットケアは、「猫とその飼主の生活の質の向上」を目指し、猫の目線で猫のウェルフェアを考える非営利団体であり、キャットショーを開催する類いの団体とはそこが根本的に違っている。猫を、人間が所有する愛玩物としてではなく、人間と生活空間を共有する別の動物種として尊重し、猫がどれだけ人間を幸せにしてくれるか、よりもむしろ、どうしたら人間が猫を幸せにできるのか、そこに活動のフォーカスがある。その団体の代表を二八年にわたって務めた著者による本書は、だからたとえば猫に遺伝的な健康問題をもたらす可能性が高い人為的な育種には批判的で、ペルシャ猫やマンクス、スフィンクス、スコティッシュフォールドなどを飼っている人には耳の痛いことも書かれている。

初版を翻訳したのは二〇一三年、私が一三年間飼った愛猫、小源太を病気で亡くした数年後のことだった。無類の猫好きを自認している私だったが、翻訳しながら、いわゆる溺愛の対象としてのペットとしてではなく、猫という生き物について、自分が実に無知であったこと、猫に関する自分の知識が、完全室内飼いの猫についてのものに偏っていたことを痛感した。

その後、日本とアメリカを行き来する生活の中で猫を飼うのはなかなか難しく、日本で猫を飼うことは諦めていた。ところが、東京から郊外に転居してまもなく、私は思いがけず二匹のレスキュー猫、ゴーストとピノを飼うことになった。その経緯を書くと長くなるので割愛するが、二匹は一年ほどの間隔を空けて我が家の庭に突如として現れ、それぞれ違った健康問題が理由で野良猫でい続けることができなくなり、いわば「仕方なく」我が家で室内飼いをすることになって間もなく五年になる。

本書の第2章に詳しく述べられているが、猫は生後二か月間の「感受期」と呼ばれる期間中に人間と十分に触れ合わないと、(もちろん例外はあるが)基本的に、その後一生人間に慣れることはないという。さもありなん、この二匹は子猫時代を野良猫として過ごしたので、人間に対する警戒心が非常に強く、私は抱き上げるどころか触らせてさえもらえない。二匹はいたって仲が良いが、私に対しては実にそっけない。まるで家の中に野良猫が二匹いるようなものだ。

一方、アメリカの自宅には、前作の翻訳中に飼っていたミトンズが二〇一九年に病気で急死した後、知人から子猫のときに譲り受けた二匹の黒猫、タンゴとゴンタがいる。二匹は共通の父親と別々の母親から生まれた「異母兄弟」で、家の中と外を自由に出入りし、昼間は主に外にいて、夜は人間のベッドで眠るが、気が向けば一日中家の中で過ごすこともあるし、出かけたきり一昼夜戻ってこないこともある。血のつながりがあるにもかかわらずあまり仲は良くなくて互いを無視し合い、性格も食べ物の好みもまったく違う。

完全な室内飼いで外界を知らずに一生を過ごし、まるで子どもの代わりだった小源太。やむを得ない事情から、野良猫から家猫になったゴーストとピノ。家の中と庭を自由に行き来するミトンズ、そしてタンゴとゴンタ。三種類の、それぞれに非常に異なった「飼い猫との関係」を経験した後で翻訳した本書には、自分の経験が「なぜそうなのか」を納得させてくれる、猫という生き物を俯瞰して客観的に理解するための知見が詰まっている。たとえばゴーストとピノのような猫のことを、本書は「中間猫」と呼んでいる――野良猫でもなく、かといって飼い猫とも言い難い、その中間にいる猫のことだ。ベサントの二冊の本を訳していなかったら、私はゴーストとピノの家庭内野良猫ぶりにひたすら欲求不満をつのらせていたかもしれないが、本当に猫が好きならば、望むべきは、ある状況の中でその猫にとっての最善の環境をつくってやることであって、猫が自分の望み通りに行動することを期待するほうがそもそも間違っているのだということに気づかせてくれたのはこの二冊の本である。

ゴーストとピノと私の（心理的・かつ文字通りの物理的）距離は、それでも少しずつ、本当に少しずつではあるが縮まりつつある。ＳＮＳを見ていると、そういう家庭内野良猫（中間猫）を飼っている人は意外にたくさんいることもわかる。私と同様、そこにはそれぞれの事情があるものと推測するが、自分が飼うようになって〇年、やっと一瞬触らせてくれた！　と嬉しそうに報告する投稿などを目にすると、ああ、この世には、（自分も含め）それでも猫が自分のそばにいるだけで嬉しい人、そのことで生活が豊かになっていると感じる人がたくさんいるんだな、そしてそれもまた、猫との付き合い方のひとつなんだな、と納得したのもこの本のおかげだ。

だから本書は、今すでに猫を飼っているか、これから猫を飼おうと思っているかにかかわらず、猫好きを自認する人、猫を人生の伴侶としてともに暮らしたいと願うすべての人に読んでもらいたい。本書を読めば、猫と人間の関わり方にはいろいろな形があって、どんな形であれ、双方がそこから喜びを得られる方法はきっとあるのだということがわかるだろう。

二〇二四年九月

三木直子

【ま】

【や】

【ら】

【わ】

索引

著者紹介

クレア・ベサント（Claire Bessant）

クレア・ベサントは、獣医による猫の治療からペットとしての猫の理解、さらには飼い主のいない野良猫の最適な世話の仕方に至るまで、人間と猫の関わりのあらゆる側面において猫がより暮らしやすい世界をつくることを目指す慈善団体、インターナショナル・キャットケアの最高責任者を28年にわたって務めた。猫に関する著作も多く、これまでの著作に『The Nine Life Cat』『What Cats Want』『The Ultrafit Older Cat』『Cat – the Complete Guide』『The Complete Book of the Cat』『Haynes Cat Manual』などがある。

訳者紹介

三木直子（みき・なおこ）

東京生まれ。国際基督教大学教養学部語学科卒業。外資系広告代理店のテレビコマーシャル・プロデューサーを経て、1997年に独立。訳書に『マザーツリー　森に隠された「知性」をめぐる冒険』（ダイヤモンド社）、『CBDのすべて 健康とウェルビーイングのための医療大麻ガイド』（晶文社）、『コケの自然誌』『錆と人間 ビール缶から戦艦まで』『植物と叡智の守り人 ネイティブアメリカンの植物学者が語る科学・癒し・伝承』『英国貴族、領地を野生に戻す 野生動物の復活と自然の大遷移』（以上、築地書館）、他多数。

ネコ学
あなたの猫と最高のコミュニケーションをとる方法

2024年11月20日　初版発行

著者　クレア・ベサント
訳者　三木直子
発行者　土井二郎
発行所　築地書館株式会社
〒104-0045 東京都中央区築地 7-4-4-201
TEL.03-3542-3731　FAX.03-3541-5799
https://www.tsukiji-shokan.co.jp/
印刷・製本　中央精版印刷株式会社
装丁　吉野愛

ⓒ 2024 Printed in Japan　ISBN978-4-8067-1673-0